农业物联网关键技术及应用

—

NONGYE
WULIANWANG
GUANJIAN
JISHU JI
YINGYONG

—

杨宏伟　李松江　张婧　著

化学工业出版社

·北京·

内容简介

本书对农业物联网中的时空数据采集、数据提取、冗余数据处理、分簇优化、路径规划、轨迹预测、轨迹纠偏、数据融合、宕机预测等关键技术进行了研究，并将这些技术、算法及模型进行融合，设计并实现农业物联网技术框架，去系统解决农业物联网建设过程中的关键技术问题。

本书主要为从事农业物联网技术的相关工程人员及其他自学者提供学习参考。

图书在版编目（CIP）数据

农业物联网关键技术及应用 / 杨宏伟，李松江，张婧著. —北京：化学工业出版社，2024.3
ISBN 978-7-122-42989-6

Ⅰ.①农… Ⅱ.①杨… ②李… ③张… Ⅲ.①物联网-应用-农业-高等学校-教材 Ⅳ.①S126

中国国家版本馆 CIP 数据核字（2023）第 033153 号

责任编辑：陈 喆
文字编辑：师明远
责任校对：宋 夏
装帧设计：刘丽华

出版发行：化学工业出版社
（北京市东城区青年湖南街 13 号 邮政编码 100011）
印 装：北京建宏印刷有限公司
710mm×1000mm 1/16 印张 12½ 字数 232 千字
2024 年 3 月北京第 1 版第 1 次印刷

购书咨询：010-64518888
售后服务：010-64518899
网 址：http://www.cip.com.cn
凡购买本书，如有缺损质量问题，本社销售中心负责调换。

定 价：118.00 元

前·言

农业物联网将大数据技术、网络技术、物联网技术应用到传统农业中，为传统农业提供生产指导，从而提高农业生产效率，增加农业收益。

农业物联网多应用于生产环节，即利用新技术实现农业生产环节的精细化、智能化和现代化发展。农业信息化以及智能化的新趋势，对农业生产的精细化水平、农产品的数量与质量以及农村生态环境提出了新的要求，农业物联网的推广，对于实现农村经济快速稳定发展、推进农业农村现代化具有重要意义。

本书的撰写团队是国内较早进行农业物联网相关技术研究和应用的团队之一，团队成员常年在农村田间地头工作，针对农业数据的采集、传输、处理及展示环节进行了大量研究实验。本书的撰写团队长期致力于农业物联网相关技术的研究工作，注重智能农机装备的研发、生产和应用，主持了多项省部级及公司横向科研项目，积累了丰富的研发、应用经验。

目前，国内外出版的相关农业物联网的专著和教材，将算法研究与应用相结合的比较少，本书是团队十余年农业物联网相关研究的成果，并在实际中得到了广泛应用和验证。本书主要内容包括时空数据采集、数据提取、冗余数据处理、分簇优化、路径规划、轨迹预测、轨迹纠偏、数据融合、宕机预测等相关算法和优化问题，以及农业物联网的典型应用。本书在详细分析国内外相关研究工作的基础上，总结凝练存在的关键问题，并提出相应的解决问题的模型，最终将这些模型进行融合，设计并实现农业物联网技术框架，系统解决农业物联网建设过程中的关键技术问题。

本书由长春理工大学计算机科学技术学院杨宏伟、李松江、张婧共同撰写，张剑飞对本书的撰写工作提供了大力支持和帮助。冯欣、张昕、赵兴通、张云霄、高升、杨洋、罗可心、孙颖、侯昕、于方正、黄文增、刘盼等同学参与了本书部分章节的整理、修改和统稿工作，对他们的辛勤劳动表示衷心的感谢！

鉴于农业物联网的相关技术涉及嵌入式系统、计算机控制系统、大数据、云计算等诸多领域，内容涵盖非常广泛，本书难以全面覆盖。由于水平有限，书中难免有不当之处，敬请读者批评指正。

著者

2021年11月

目 录

第1章

绪论

随着物联网技术的快速发展，农业物联网已经悄然兴起。农业物联网是物联网的重要组成部分，但其研究与应用尚处于起步阶段，需要对农业物联网关键技术进行深入研究，以支持国内外农业的进一步发展。

本书将对农业物联网中的关键技术进行研究，具体包括时空数据采集、数据提取、冗余数据处理、分簇优化、路径规划、轨迹预测、轨迹纠偏、数据融合、宕机预测等关键技术，以及农业物联网的典型应用。本书在详细分析国内外相关研究工作的基础上，总结凝练存在的关键问题，并提出相应的解决问题模型，最终将这些模型进行融合，设计并实现农业物联网技术框架，系统解决农业物联网建设过程中的关键技术问题。

1.1 农业物联网架构

随着通信技术、计算机技术的迅猛发展，农业物联网逐渐发展并成为现代农业的重要组成部分。农业物联网是融合了数字农业、精准农业、智能农业等内容的统称，具体是指将大数据技术、网络技术、物联网技术运用到传统农业中，为传统农业提供生产指导，从而提高农业生产效率，增加农业收益。农业物联网涉及农业的生产、流通和销售三个环节。目前，农业物联网多应用于生产环节，即利用新技术实现农业生产环节的精细化、智能化和现代化发展。农业信息化以及智能化的新趋势，对农业生产的精细化水平、农产品的数量与质量以及农村生态环境提出了新的要求，农业物联网的推广，对于实现农村经济快速稳定发展，推进农业农村现代化具有重要意义。物联网技术是实现农业物联网的关键技术之一，主要应用在精准化种植、可视化管理、智能化决策、农机自动化控制等领域。

物联网（internet of things，IoT）是可以实现计算设备、机械等关联的网络系统，旨在以互联网作为沟通和交换信息的媒介，将物理世界与虚拟世界结合起来。物联网由多个功能块组成，例如传感、识别、驱动、通信和管理等模块。物联网在结构上可以分为底层的感知层、中间的网络层以及顶端的应用层，如图 1-1 所示。

作为物联网核心层的感知层由各种类型不同的传感器组成，实时地感测外界信息，传感器作为智能化的重要工具，对推进实现农业物联网发挥了重要作用；网络层用于连接感知层与应用层，实现信息的传递，物联网中的网络层综合了已有的全部网络形式，并根据物联网的应用特性，发展出适用于特定场景的网络技术；应用层是物联网的最顶层，可实现信息的处理与管理，并与其他领域技术相结合，如互联工业、智能城市、智能家居、互联汽车、农业物联网等。

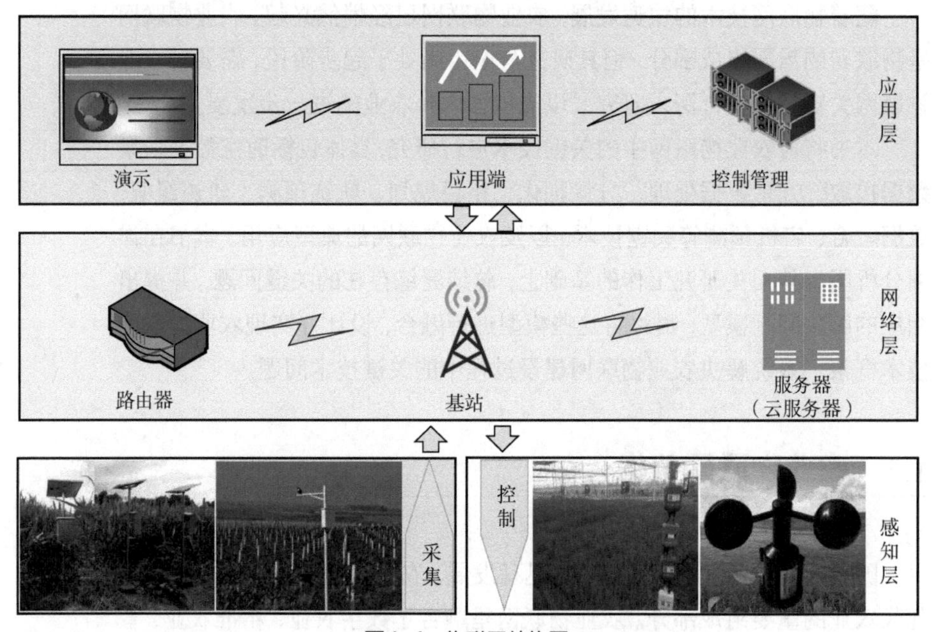

图1-1 物联网结构图

作为备受瞩目的新兴领域，农业物联网是我国农业现代化的重要技术支撑。农业物联网框架共分为六层，分别是物理层（硬件设施）、网络层（互联网等）、中间件层、云服务层、数据分析层和用户体验层，如图 1-2 所示。

物理层是最底层，主要包括各类数据采集设备，如不同类型的传感器、微控制器、监控设备以及射频识别（RFID）设备等，获取到信息后上传给网络层；网络层包括互联网和其他相关通信技术，例如 Internet、WIFI、ZigBee、Bluetooth 等技术，初始化接入标准，给中间件层提供外部设备的操作接口，并且实现一些硬件设备的驱动程序；中间件层包括执行设备管理、上下文感知等，能有效地屏蔽来自底层网络复杂性的约束，通过提供抽象的管理接口，达到对底层透明的目的；云服务层将来自中间件层的数据上传到云端，并把数据传递到数据分析层；数据分析层用于对农业数据进行分析处理及数据可视化；用户体验层可以访问系统，体验农业物联网的相关应用，包括大田种植、温室技术、大棚育苗、水肥实践以及产品溯源等。农业物联网通过结合物联网技术和数据分析系统，可以为生产人员提供决策工具和自动化技术，提升农业运营效率和作物产量。农业物联网应用的关键领域包括农业监测、追踪与溯源、农业机械、精准农业等。

当前针对农业物联网的研究多以粗犷型应用为主，侧重基于已有设备及理论进行系统搭建，所以农业物联网在应用中出现了设备可靠性差、数据利用率低、自动化程度弱等问题。

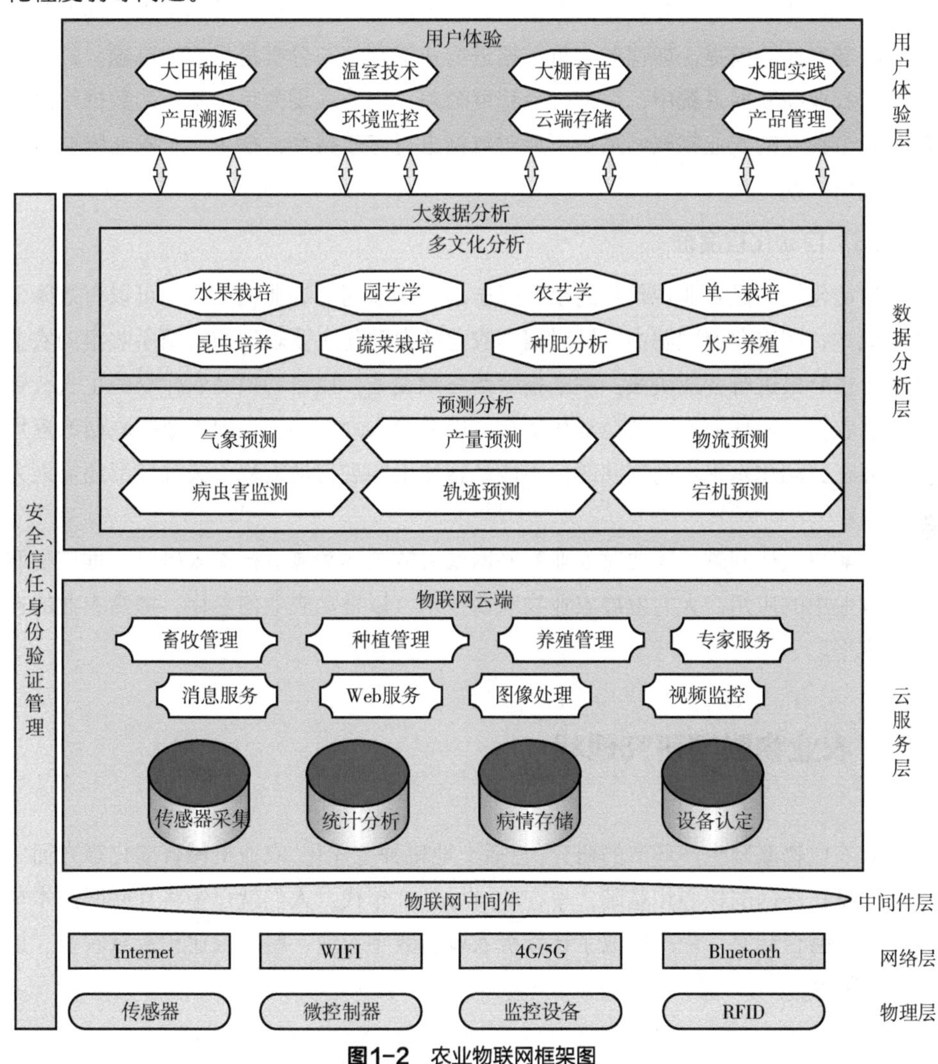

图1-2 农业物联网框架图

（1）设备可靠性差

有些农业物联网设备部署在户外场地，长时间直接与外界环境接触，可能导致设备出现故障。对于智慧农机，其中的电子器件工况较为恶劣，在长时间使用的过程中容易同时出现机械故障与电子故障，降低农机的可靠性，增加成本；并且在农业物联网中不同设备通信组件还会产生频谱干扰问题，降低通信的可靠性，上述问题对农业物联网设备的硬件可靠性与软件可靠性提出了更高要求。

（2）数据利用率低

大规模异构的农业物联网部署后，会产生大量的具有高容量、高多样性等特征的数据，这些数据称为多模态大数据，它们是进行农业数据分析的基础，同时也是实施精准农业的前提，如何对大量数据进行快速存储与分析是目前的难题。并且在当前的农业物联网系统中，数据融合程度较差，主要表现为单个系统的数据维度较低，多个独立的农业物联网系统不能对数据进行有效整合，缺少一个农业物联网的顶层应用框架。

（3）自动化程度弱

自动化控制是农业现代化的重要标志，将物联网与农业相结合，可以有效降低劳动成本。在农业物联网中，针对精准农业的自动化主要表现为根据所收集的农业数据分析结果进行智能决策，发送指令给终端设备，以自动控制农作物的生长；针对智慧农机，表现为农机的自动化运行，以减少人力劳动。当前农业物联网的应用中还存在自动化水平不高的问题，不能从整体上实现自动流程，关键环节还需人力干预。

为解决上述问题，需要对农业物联网底层的关键领域进行深入研究，推广物联网在农业中的应用，大力发展农业物联网技术，以推动农业信息化，提高农业的自动化水平。

1.2 农业物联网研究现状

对农业物联网生产环节的研究，包括土地耕种智能化、农业机械智能化等方面。互联网是物联网的核心和基础，早在20世纪80年代，人们就已经将互联网技术与传统农业融合起来，依次形成了计算机农业、数字农业、精准农业和智慧农业，如表1-1所示。

表1-1　传统农业与互联网技术融合历程

农业模式	发展时间	发展目的	关键技术	主要应用
计算机农业	20世纪80年代	优化农业结构，针对用户服务，实行注册用户纪律约束，解决农业生产中的潜在问题	人机交互、智能决策	农作物种植系统、植保系统
数字农业	20世纪90年代	在农业各部门实现数字化与网络化管理，将信息技术应用于农业，实现可视化生产	数字化生产、数据可视化、智能控制	数字化果园系统、农作物生产模拟系统
精准农业	21世纪初	通过数字分析技术指导生产，获取最优产量，提高生产效率，提升经济效益	GPS技术、RS技术、GIS技术、智能控制	精准化生产
智慧农业	2013年至今	解放生产力，集科研、生产、加工、销售于一体，通过现代科技，进一步实现农业智能化生产	物联网、传感器网络、云计算	智慧农场、温室大棚、水产养殖、智慧管理

1.2.1　国外研究现状

以美国为代表的发达国家，其农业物联网技术发展较早，农业自动化水平较高，相关领域的研究成果众多。农业自动化相关研究，主要包括针对土地的自动化种植研究以及针对农业机械的自动化研究。前者以以色列的技术为标杆，通过水肥一体化等技术将贫瘠的沙土改造为肥沃的土地，并在不断升级改造中持续提升自动化水平，只需少量的员工即可管理大片农场；后者以美国为代表，美国农业集约化程度高，适合农业机械大规模使用，已经发展出多种先进的农业自动化装备，广泛应用于农业生产中。

（1）农业精细化管理

农业生产模式正在从机械化向信息化转变，诞生了精准农业。精准农业是基于3S（GPS、GIS和RS）技术、物联网和传感器等技术手段，在农业耕种过程中，对作物的生长态势、病虫害等情况进行精准监测。例如Xu等通过卫星遥感获取地表土壤水分信息，以进行干旱监测和预测。在农田的精细化管理中，各类数据的收集成为农业物联网应用的关键环节，通过多种传感器获取实时环境信息，并通过路由协议发送给管理端以对当前的农田状态进行评估并作出决策。例如Rekha等通过传感器获取农业废水的pH值、浊度、温度等信息，当有异常值产生时还会自动发出警报。Zhang等使用云平台处理农田中获取的数据，并对农作物生长过程中所需水量进行预测，自动作出灌溉与施肥决策。Selmani等提出一种用于远程灌溉管理的太阳能光伏供水网络化系统，该系统在操作层部署嵌入式设备，这些设备承载一组事件驱动组件，负责传输外部资源数据、处理通知和执行监管层下达的命令，云平台层结合多个负责执行数据分析和数据挖掘的反应式微服务，以支持远程控制任务，并对该系统进行实际部署。

以上精准农业平台的应用，都需要传感器平台进行数据收集。经过多年的实际应用与发展，当前传感器已经成为由传感器模块、数据处理单元以及通信模块等组成的小型计算设备，由多个无线传感器组成的无线传感器网络承担传感器数据的收集与传输工作，通过传感器收集到大量农业数据并回传到云端进行处理，经过分析后指导农业生产，目前已研究开发出多种农业物联网系统。García 等研究了在农田环境中部署无线传感器网络以解决土地灌溉问题，传感器可以收集土壤温湿度等数据，以此估算灌溉需求。在此系统中仅是对数据进行分析，决策与执行还是由人工进行。Anguraj 等通过无线传感器网络进行土地数据感知与收集，以构建决策支持系统（DSS），用于解决干旱和半干旱地区的农业种植灌溉问题，实现了无人管理、自动灌溉，最大限度地提高作物产量，降低种植成本。目前已经应用的智慧相关系统包括土地灌溉、温室管理等。

（2）农机自动化控制

目前农用机械（简称农机）的发展趋势以智能化为主，是指在农业机械化的基础上，将计算机技术、传感与检测技术等应用于农业机械中，提高农机性能，进一步降低生产成本。由于在农田中不存在复杂路况并且可以预定义路径，在农业机械中应用自动驾驶技术部署难度较低，不存在复杂理论问题，因此农机自动化在实际生产中得到了广泛应用。农机自动驾驶是通过卫星、传感器和摄像头等采集数据，实时控制，以此来实现农机自动化沿直线作业。欧美国家对农业机械自动化研究较早，相关研究成果转化率高，具有重要的借鉴价值。在农机自动化驾驶的相关研究中，主要分为卫星定位、路径规划、故障预测等方面。

农机自动驾驶的根本是农机车辆导航系统，最初的自动驾驶主要使用 GPS 进行定位与路径规划，Rhee 等将 GPS 与加速度传感器相结合，进行精确定位，以规划农机的行进路线。但定位系统精度不高而且不能对障碍物进行实时感知，因此还应在农机自动驾驶规划中加入多种传感器技术。为使农业机械在田间作业过程中及时监测并避开局部静态的障碍物，Liu 等在环境信息已知情况下研究了农业机械避障路径规划方法，Ros 等则在环境信息未知情况下使用机器视觉方案进行障碍物感知并进行避障。土地上的障碍物类型较为单一，且多为静态障碍物，机器视觉方案成本较低且易于部署，此类方案使用较多，如 Rodias 等将机器视觉和 GPS 相结合，应用于农用车辆的导航中。此外，相关方案还包括激光雷达、毫米波雷达等。农机的路径规划中主要是实现路径对作业区域的完整覆盖，Meng 等将给定的作业区域分解为较小的子区域，研究了一种农机耕作全覆盖的最优路径规划算法，该算法中的最佳路径规划减少了农业机械转弯次数以及耕作时间，再结合耕地的拓扑特征、岬角的转弯模式等信息确定最佳行进方向。

农机运行时的恶劣路况会导致行进路线偏移，当偏移距离过大时会使农作物受损，此时要配合车辆控制系统进行轨迹纠偏。道路信息的采集方法主要有 GPS 定位以及车辆传感器。GPS 定位的精度并不能满足农机作业的要求，目前主要使用传感器来获取路况信息，通过分析数据将结果传至控制系统进行纠偏，如 Pivarčiová 等通过加入惯性传感器测量来控制误差，并进行轨迹纠偏。

在故障预测相关领域的研究中，Abdelraoof 等提出了一种结合健康退化数据和支持向量回归的机器可靠性的预测方法，用于预测柴油发动机的可靠性和故障时间，以降低维修成本、操作停机时间和操控风险。Gabitov 等开发出可以连续诊断和预测汽车技术状况的实验系统，也可用于拖拉机和其他农业机械，该系统允许对机器的技术状况进行自动诊断（MTA），并在必要时获取有关电机维护（MM）需求的信息，从而显著减少停机和维修时间。

农业精细化管理与农机自动化控制是目前农业物联网的研究热点，主要目的是降低农业生产成本，减少人工作业负担，提高农业生产效益。目前在农业物联网研究中主要为应用研究，将现有技术与农业相结合，以提高农业智能化水平。

1.2.2 国内研究现状

我国农业信息化起步较晚，没有实现大规模的资源集约化。集约化指的是将资源整合后，通过更集中合理地应用现代化管理技术，合理分配，降低成本，用最小成本获取最大的效益。同时，我国农业机械化以及智能化水平相对较低，但在农业物联网的相关研究中，进度与国外保持同步，多个农业领域的农业物联网项目也在落地实施。

在精准农业领域，我国研究人员通过借鉴国外已有的相关理论及应用，设计出符合实际使用场景的农业物联网应用系统。李林等将农业灌溉与物联网技术相结合，设计出一套由传感器、灌溉设备、可视化界面以及后台服务器组成的完整的智能灌溉系统，并通过实际部署进行验证，大幅提升了作业效率。王瑞锋等设计了一套针对农业物联网检测系统的软硬件系统，实现了完整的农业物联网网络框架，可以实时、远程监控农作物的相关信息，并进行精准控制。在精准农业基础研究领域，无线传感器网络（WSN）依旧是目前的热门方向，对于农业物联网的研究主要集中于网络分簇算法、路由协议、安全协议等。孙爱晶等针对节点负载不均衡现象提出一种基于粒子群优化模糊 C 均值的分簇路由算法（POFCA），对分簇与传输做了优化，相比 LEACH 算法有效延长了网络生命周期。赵小强等通过更新灰狼优化器权重并采用模拟退火算法选取了最优簇集。武小年等通过定义节点的能量因子和位置均衡因子来建立适应度函数，并基于改进粒子群算法提出分簇路由协议，该协议能够选取能量与位置更均衡的簇头节点和转发节点，有效延长了网络生存周期。在所提出的路由方案中，针对无线传感器网络的优化以降低能耗、提升网络生命周期为目的。

在农业智慧化快速发展阶段，我国的农用机械面临很多问题，例如收集的多模态数据不精确、安全监管不力以及农机社会化服务质量不良等问题。农机智慧化是农业机械化发展的高级阶段，以信息技术为基础，结合农机的动力、辅助系统实现环境感知、自动控制等功能，在自动调度、自主决策等方面得以体现。目前国内对于农机智慧化的研究较少，主要集中在机械化的研究，现有的自动驾驶相关研究成果主要集中于铺装路面的无人汽车以及无人机等，这对农机自动驾驶有重要的借鉴意义。在路径规划领域，贺利乐等研究了机器人在静态未知环境下的全覆盖路径规划问题，与农机中的覆盖问题相似，以未覆盖区域面积大小为基础，然后构造优先级启发规则，最后利用该规则来实行路径全覆盖工作。在环境感知方面，以机器视觉方案为主，张炳力等通过机器视觉来解决车辆检测问题，同时为解决单一传感器识别效果差的问题加入了毫米波雷达作为辅助。针对多模态数据的处理，费欢等研究了一种多模态数据流的无线传感器网络异常检测方法，有效提高了感知数据的准确性和可靠性，实时监测网络的工作状况。何坚等围绕智能环境的多模态数据融合技术进行了研究，针对感知数据类型不同、格式多样等问题，设计了一种基于可扩展标记语言（XML）的数据表示方法。在目标跟踪时，周经纬等提出了一种目标跟踪算法，该算法基于多模态数据来解决目标跟踪中的目标遮挡以及背景复杂等问题。

总体上国内在精准农业领域，针对具体场景的应用研究较多，但是大规模落地实施的项目较少，部分已成为示范性工程。而在农机智慧化相关领域，以农机自动驾驶技术为主的研究方案还存在很多问题，尚需深入研究加以解决。农机智慧化是我国当前现代农业发展的突破口，大力推动智慧农机和农业物联网的持续健康发展，是实现农业现代化的必由之路。

1.3 农业物联网关键技术

在农业物联网的相关应用领域中，围绕以上研究内容，有很多关键性问题亟须解决。本书内容侧重于深入研究精准农业中时空数据采集、数据提取与预处理、冗余数据处理、分簇优化算法、路径规划、轨迹预测、轨迹纠偏、多模态数据融合以及宕机预测等关键问题，通过对国内外相关学术成果进行分析，剖析其解决上述问题的理论方法和技术。

1.3.1 时空数据采集

农业物联网中的时空大数据，具有多变量、多维度、多类型等特性，通常采用深度卷积神经记忆网络结构，提升模型训练速度，降低预测误差。一般包括采集和预测两部分，采集主要针对数据来源而言；而预测模型是基于深度卷积神经记忆网络来构造的，它相较于目前主流的卷积神经网络有所不同，一是它针对真实时空大数据，二是它结合了卷积神经网络和长短期记忆网络这两种不同的神经网络，并且实践的结果表明在理论上是可行的。其处理思路通常如下：首先需要获取时空数据，也就是需要进行时空数据的采集；在取得智慧农机时空数据的前提下，再去构建一个时空数据模型。

为了提取出时空数据的特征，首先需要构建一个处理数据比较优秀的卷积神经网络，用来训练时空数据中的空间数据，该模型通常采用 TensorFlow 来构建。其次，构建一个处理时间比较优秀的长短期记忆网络，用来训练时空数据中的时间数据，这个神经网络模型还可以使用 TensorFlow 来构建。在 TensorFlow 中有对卷积神经网络的支持，但是更多的还是需要自己去调配合理使用。

在构建好两种神经网络之后，需要通过适当的组合去合成一个多重神经网络模型，明确组合顺序，清楚组合结构。之后需要将数据集进行一定的合并填充，使得数据能够符合神经网络模型。但是由于时空数据是包含时间和空间的多个数据，所以在数据输入时应该将时间数据和空间数据分开，时间数据由长短期记忆网络处理，空间数据由卷积神经网络处理。

1.3.2 数据提取与预处理

农业物联网中，所采集的数据一般都为数值型的数据，如温度、湿度、速度等，即结构化数据。同时也不缺少如图像、视频、文件等非结构化数据，如秸秆覆盖率、工作情况录制、作业情况汇总等等。另外还包括 JSON 文件这样的半结构化数据。因此，需要对其进行预处理。

预处理中主要包含对数据理解与提取技术的模型构建。包括根据三种不同的数据类型构建出不同的数据提取框架；利用 K 近邻算法（KNN 算法）来对数据中的缺失值和异常值进行处理；通过最小值-最大值标准化和零-均值标准化来对数据进行变换处理；在主成分分析算法（PCA）的基础上对数据的特征进行降维选择处理。

1.3.3 冗余数据处理

农业物联网中，需要采集的数据，如从各种传感器及 RFID 等终端采集的温湿度、光照强度、风力风向等，通常包含了关于农业环境数据的监测、禽畜的健康和流通、农副产品的加工和流通等相关信息。为了能够及时发现及跟踪问题，对数据采集的实时性要求非常高，而为了保证数据采集的实时性，通常会设置比较高的采样频率，结果导致采集到的数据量会非常大，并且这些数据被采集后往往还要求存储记录，便于以后的查询和分析使用，因此，对如此海量的数据进行过滤，是必然的要求。这个问题不仅在农业物联网中有，在各个领域内也同样面临着大数据中存在海量冗余数据的难题，如何能够快速高效地过滤掉无用的数据已成为科研工作者面临的重大难题。

由于收集到的数据量过于庞大，就会产生相应的一些问题，其中，数据的冗余度较高则是主要问题，它会导致后续数据分析和机器学习的正确率下降，还会导致实时数据的分析处理性能下降。

1.3.4 分簇优化算法

随着现代农业信息化水平的不断提高，对智慧农业的生产和管理提出了更高的自动化和智能化要求。精确的农业数据是进行智慧农业研究与应用的基础，大多数基于 WSN 的智慧农业应用都需要高效、及时、准确的数据，但考虑到传感器本身有限的存储、计算和电池能源供应等限制，如何以稳定的路由和数据传输性能来优化网络寿命，成为当前基于 WSN 的应用中的研究挑战。因此，根据智慧农业中传感器网络本身的特征，设计出适合农业信息监控的高效的路由协议算法，以大幅延长网络的生命周期，是十分必要的研究工作，具有很大的研究意义及应用价值。针对 WSN 技术应用于智慧农业领域存在的不足，Behera T M 等对 LEACH 算法进行改进，在进行簇头选择时，引入一个阈值限制，并在节点间切换功率级别，以延长无线传感器网络寿命。针对水下传感器能量受限的情况，Ullah U 等研究了两种路由方案，即有效能源和可靠交付（EERD）、合作有效能源和可靠交付（CoEERD），考虑了许多因素，以确保低能耗和可靠性。

目前，针对路由协议算法的已有研究侧重使用智能算法与经典路由协议相结合的方法，并对路由协议进行了改进。Brar G S 等提出了基于定向传输的能量感知路由协议（PDORP），该协议同时具有节能收集传感器信息系统（PEGASIS）和动态源路由（DSR）路由协议的特点。在该方案中，将遗传算法与细菌觅食优化算法用于路由协议，以寻求能效最优路径，最终提高了网络的服务质量，延长了网络的生命周期。Rani S 等提出了一种基于链的群协作无线传感器网络协议，并设计了基于预定义路径的路由算法，通过使用集群间通信的集群协调器和集群内的中继节点，来最小化传输距离，可以显著延长无线传感器网络寿命，并加快通信速率。除此之外，研究人员还使用包括蚁群算法、粒子群算法，进行相关的路由算法研究，其优化目标依旧是以延长网络寿命、提高网络质量为主。Rao P C S 等提出了一种基于粒子群优化（PSO）的节能簇头选择算法（PSO-ECHS），该协议考虑了各种参数，例如簇内距离、传感器节点的剩余能量，在基于距离、密度、移动性和能量因素等方面，合理进行簇形成和簇头选择，从而提高了网络性能。

1.3.5 路径规划

路径规划技术是农业物联网中，特别是无人驾驶领域中的一个关键方向，是研究人工智能问题的一个重要方面。

无人驾驶中，行驶路径规划问题可以简单地定义为：给定一台农机行驶的起点和目标终点，在一个具有固定或者移动障碍物的情况下，规划好一条能够满足某一个最优准则要求的，并且无碰撞行驶的最优路径，使农机跟随路径从起点到目标终点平滑移动。路径规划问题也可以描述为：赋予一个开始节点 S 和一个目标终点 E，在 E 和 S 中找到一条连接这两个点并满足最优法则的连续曲线。

由于农机在运动过程中耗能、耗时且运动是非线性的，故可以围绕这些方面建立最优准则，比如要求能耗最少、时间最短、路径长度最短。

1.3.6 轨迹预测

随着无线通信与定位技术的发展，在现有的研究成果中，移动对象所处位置的跟踪能力在不断增强，如智能交通控制系统、辅助驾驶系统等。针对移动对象的当前运动状态以及时空位置，存储了大量数据，可将其应用于物体轨迹的分析中，其中包括对移动对象的不确定性轨迹进行高效准确的查询和预测。

移动对象按照空间分布的特性，可分为 3 类：

① 运动道路轨迹分散。

② 运动道路受限制。

③ 运动道路不受限制。

在智慧农业中，通过使用车载传感器以及定位模块，来收集农业机械的位置信息，可以为农业机械的轨迹预测提供数据基础。轨迹预测不仅能提供下一个时间段的农机设备位置信息，还可以根据预测的位置信息来控制机械的行进状况。尤其在智慧农机领域，亟须设计准确高精度的轨迹预测模型，结合农业物联网技术，为农机无人驾驶开辟道路，提高工作效率。

移动对象的轨迹预测需要考虑地面路况、自身情况、时间天气影响等多种因素。现有的轨迹预测模型主要有三种：基于运动模型的轨迹预测、基于历史数据挖掘的轨迹预测以及基于混合方法的轨迹预测。

（1）基于运动模型的轨迹预测

运动物体的运动信息包括运动的方向、速度和时间。大多数轨迹预测模型通过构造线性运动函数，来预测物体的运动信息。虽然线性模型非常有效，但在现实生活中，运动物体的非线性运动会导致预测误差很大。如果通过不断更新运动物体的运动信息来降低预测误差，模型预测效率就会降低。因此，线性模型轨迹预测并不适合实际的应用。

（2）基于历史数据挖掘的轨迹预测

基于运动模型的预测方法，一般是建立线性或非线性函数进行预测，但它的预测时间短，而且预测误差较大。考虑到运动模型没有充分地利用移动对象的历史数据，有学者提出了基于历史轨迹数据的预测算法。该算法通过挖掘轨迹的历史数据寻找相似的频繁模式，从而实现轨迹预测。

（3）基于混合方法的轨迹预测

不同移动对象表现的运动规律会随时间不断变化，同一个移动对象在不同时刻的运动也会受不同因素的影响。同时，由于移动对象有特殊的访问兴趣和生活习惯，在针对移动对象自身历史轨迹进行位置预测时，大多只关注兴趣区域中的运动模式，对历史位置的访问呈现幂律分布。针对不同的移动对象以及所在的不同位置和时间段，需要混合多种预测方法进行预测。例如 Qiao S J 等提出一种基于轨迹时间连续贝叶斯网络的轨迹预测算法 TPMO，该算法综合考虑了移动对象的移动速度和方向，考虑了它们对动态运动行为的影响。在之后的研究中，Qiao S J 等又提出了一种基于隐马尔可夫模型（HMM）的自适应轨迹预测模型，从海量的轨迹数据中提取到观察状态和隐状态，再根据对象的不同类型轨迹，自适应地预测最佳轨迹。

轨迹预测十分复杂，有很多可以影响到其预测精度的未知因素，因此，可以将轨迹数据集看成是一种不确定性的复杂系统。对于这种系统，应用灰色模型预测往往有着更好的建模效果。灰色模型的优势体现在它无需对随机噪声以及目标的运动规律作出假设，而且预测结果的精确度也较为理想。

1.3.7 轨迹纠偏

随着农业物联网技术的迅速发展，卫星定位在农机导航及路径规划方面有了更广的应用，实现智慧农机的精准定位以及稳定控制，是农机自动导航的关键。但在实际生产作业中，存在着诸多不良因素引发卫星定位不精确的情况，例如坐标系标准不统一、电离层的延迟以及原子钟的影响，这些都会使定位点发生漂移。除此之外，各个车载传感器在方向灵敏度上也会有一些差异，收集的 GPS 定位信息可能无法回传行车的方向信息，或者回传的方向信息会存在较大的偏差。随着智慧农业精细化管理需求的不断提高，定位信息的可靠性与安全性变得更加重要，针对速度航向数据的特征分析，以及轨迹纠偏技术的研究，能有效提升智慧农业的数据质量，实现机车在行进过程中的纠偏调控。轨迹纠偏通常是根据给定的坐标点、行驶速度以及车辆的方位角等参数，结合 GPS 和可视化等技术，将不符合道路特征的定位数据信息进行纠偏，以正确获得行车轨迹，进而获得更为准确的定位数据，解决轨迹不准确的问题。轨迹纠偏对于建设智能化的智慧农业管理体系具有十分重要的作用，需要研究农业机械实时轨迹跟踪控制以及在线纠偏规划的方法。

目前已有轨迹纠偏相关的研究中，孟庆宽等采用改进的粒子群算法，构建了自适应的模糊控制器，与常规的模糊控制算法实验对比，经改进的模糊控制算法在导航精度上有了显著的提高，从而获得更准确的定位信息。但是针对农机的轨迹纠偏策略研究较少。

将轨迹纠偏应用在智慧农机上，可以大大提高农机作业的效率，同时结合卫星高精度的定位信息，可实现实时跟踪、动态监控以及最优路径规划，使农机作业更加精准化、智慧化。

1.3.8 多模态数据融合

随着信息网络的发展，物联网的普及有了不可逆转的趋势，物联网的智能化需求也越来越迫切。许多异构网络部署在物联网不同层次的应用程序中。在部署异构网络时，产生了大量的具有高速度、高容量、高准确性和高多样性特征的数据，这些数据称为多模态大数据。合理利用这些多模态数据，可以提高用户学习性能的预测准确性。

在如今复杂多变的农业环境中，多模态内容呈现指数级增长的趋势，产生了海量的非结构化数据。这些非结构化数据没有特定的格式或结构，可以是任意形式的数据，如文本、图像、音频和视频。针对这些非结构化数据，Shoumy N J 等提出了一种可用于文本、语音和视频数据的多模态自动情感识别方法，可以在大数据库上实现识别功能。顾艳林针对当前数据分类方法存在准确性低以及实时性差等问题，在异构值差度量的多模态异构网络大数据的基础上，研究了一种多分类属性选择方法。

1.3.9 宕机预测

随着新技术、新理论的不断发展以及制造技术的不断升级，机械设备越来越复杂化和智能化。智能设备要求其自身拥有状态感知、宕机（故障）预测和自我诊断等能力。宕机预测，是指在系统或部件仍可正常运行的情况下，通过所有可获取的信息来预测系统退化趋势以及未来故障的可能性。智慧农业中，宕机预测技术利用大量状态监测数据和信息，借助各种宕机模型和人工智能算法，通过预测宕机隐患和可靠工作寿命，来提高农机设备的安全性，从而提高设备的维护保障效率。

在农业生产领域,感知技术可以持续监控农业生产环境,但也产生了海量数据。在农业机械中，设备重复使用频次高，容易引发农业机器宕机问题，从而严重影响农业生产效率及效益。这就要求在正常运行的基础上，加入实时监测设备，通过监测数据准确预测设备的宕机风险，从而降低因系统宕机导致的生产损失。针对农机宕机问题设计一个行之有效的宕机预测策略，可以让操作人员更便捷地了解设备的运行状况，及时进行维护管理，从而减少宕机故障引起的影响。

在农业生产作业过程中，产生的多模态数据非常庞大，大量的数据不断地进行交互，使得一般计算机的普通存储与运算模式不再满足用户需求。这些数据大多是非结构化数据，与现有的典型关系型数据相比，在数据传输速度、种类等方面都表现出很大的差异，如果用传统的结构化数据库存储这些数据，会引发系统的运行延迟，增加了系统运行的时间复杂度，以及硬件的资源消耗。针对这种问题，可以使用分布式系统架构 Hadoop 加以解决。

1.4 研究内容与总体结构

1.4.1 研究内容

本书以物联网技术为核心，围绕农业物联网中的关键技术展开研究，进一步设计出农业物联网的研究框架。

在农业物联网的物理层中，首先针对时空数据的采集和预测技术展开研究，其次对结构化数据、半结构化数据及非结构化数据进行预处理，之后判断哪些是冗余数据，继而对其分析处理。同时结合传感器本身有限的存储、计算和功耗等限制，根据传感器网络本身的特征，设计了一个适合农业信息监控的高效非均匀分簇路由协议算法，以稳定的路由和数据传输性能，有效地优化了网络寿命。

在农业物联网的数据分析层中，首先针对农业机械作业路线的规划，包括对轨迹预测的方法进行研究，将轨迹数据集看成是一种不确定性的复杂系统，并应用灰色模型进行轨迹预测。然后针对农机定位精度不精确以及作业路线偏移等问题，对轨迹纠偏技术进行研究，设计了一个应用在智慧农机上的纠偏算法，从而实现农机作业实时跟踪、动态监控以及最优路径规划。接着针对复杂农业工作监测环境下产生的海量多模态数据，研究了一种多模态数据融合及分析技术，将农机上相关硬件传感器测量到的数据进行清洗与融合，从而提升农机监测数据的精确度，同时有利于农机故障预测工作的展开。最后，针对农机设备作业过程中可能出现的宕机问题，利用大量的状态监测数据，结合各种宕机模型和人工智能算法，设计一个有效的宕机预测算法，极大提高农机作业效率。

1.4.2 总体结构

本书在总体结构上可以分为 11 章，组织结构安排如下：

第 1 章为绪论。首先介绍了物联网以及农业物联网的研究背景，对国内外农业物联网相关领域的研究进度进行了阐述与分析，根据现状提出了农业物联网面临的问题及其对农业物联网产生的影响。

第 2 章对农业物联网中的数据采集部分进行深入研究。书中提出一种多元网络结构的深度卷积神经记忆网络，将卷积神经网络和长短期记忆网络相结合，构建基于深度卷积神经记忆网络的时空数据采集模型；通过设定的多个指标衡量方法的准确率，对不同的体位结果进行分析，对建立的模型进行优化，提升模型训练速度，降低预测误差，并提出改进方向，用于探究在智慧农机中的可行性。

第 3 章对农业物联网中的数据提取与预处理模型进行分析，构建数据提取技术模型框架。该模型框架主要分为数据提取与数据预处理两部分。重点是在数据预处理部分，该部分总共分为三个步骤，分别运用到了 KNN 算法、标准化处理以及 PCA 算法等数据挖掘的相关算法。该模型框架对 KNN 算法进行了优化，以提高评估数据的能力。

第 4 章对农业物联网中的冗余数据处理展开研究。以针对智慧农机中的两类冗余数据进行处理为目标，提出了采用基于布隆过滤器而改进的拥有自动扩容和到时删除的布隆过滤器来过滤重复数据，使用朴素贝叶斯分类进行机器学习以此来进行数据有效性的分类。

第 5 章对农业物联网中的路由分簇优化算法进行深入研究。在借鉴现有的 WSN 路由协议算法的基础上，根据农业物联网中传感器网络本身的特征，设计了一种能量有效的非均匀分簇路由方案，在每轮传输数据的过程中，找到整体耗能最少的最优簇头集合，来延长 WSN 的生命周期。经实验对比，所提方案使网络中传感器节点的耗能更加平均，减少了每轮数据传输的整体耗能，符合非均匀分簇路由算法的优化标准。

第 6 章对农业物联网中，特别是无人驾驶农机中的路径规划算法进行分析研究。采用栅格方法，通过仿照蚂蚁进食的一系列自然的先天行为，寻找最优或者近似最优的全局路径，并且将此行为应用到无人驾驶农机的具体工作场景中。

第 7 章对农业物联网中的轨迹预测技术进行研究。在接收到采用第 5 章介绍的非均匀分簇路由方案传来的数据后，进行轨迹预测，将轨迹数据集看成一种不确定性的复杂系统，并应用灰色模型进行预测。在总结现有的灰色模型理论及应用的基础上，提出了基于改进分数阶累加的灰色模型，选用粒子群优化算法求解分数阶模型，缩小平均相对误差，提升了轨迹预测模型的精度。

第 8 章对农业物联网中的轨迹纠偏进行研究。随着农业物联网精细化管理需求的不断提高，需要更加精确可靠的设备定位信息，在某些情况下，机车的行车路线不一定会严格遵循轨迹预测的数据，还需要结合速度、航向、时间数据的特征，来进行轨迹纠偏技术的研究。为实现农机行进中的纠偏调控，研究了基于环比的时间序列纠偏算法，先通过对时间序列短期环比，找出短期内判定的漂移点，接着使用长期环比，经两次结果对比后，判定出漂移点，对其利用三次样条插值法进行纠偏，从而提高了定位数据的准确性。

第 9 章对农业物联网中的多模态数据融合及分析技术进行分析研究。当前农机作业的监测数据不够精确，且无法满足用户方便快捷地查看农机作业情况的需求。针对农机各项功能，以及各类数据融合的应用场景，选择卡尔曼滤波模型对农机的数据进行处理，将处理后的数据与其他特征数据作为输入，传输到贝叶斯网络中，实现对农机作业水平的有效评估。

第 10 章对农业物联网中的宕机预测问题进行研究。农业机械设备的运作，具备长时间、高强度的特征，设备宕机会造成巨大损失，亟须及时准确的宕机预测。宕机预测算法中会用到大量的状态监测数据，对于这些海量的非结构化数据，保障存储的安全性也是挑战。对此，提出了基于 Hadoop 生态系统的农机智能监测方法，先将数据转存在 HDFS（分布式文件存储系统）中，经 Spark 进行数据处理后，再利用线性回归算法实现设备的宕机预测，最终对预测结果可视化。

第 11 章为本书研究技术在实际中的典型应用。

第2章

农业物联网中的数据采集模型

本章围绕农业物联网中的数据，特别是时空数据，进行采集分析，然后进行相关预测训练，研究其可行性，给农业的智能化发展提供理论基础，具有非常重要的应用价值和研究意义。

时空数据是一种包含时间数据和空间数据的双重属性数据，而传统的卷积神经网络并不能有效处理时间数据，所以要提出一个深度卷积神经记忆网络用于理论研究，尝试解决传统神经网络不能用于时间和空间双重属性的时空数据的问题。深度卷积神经记忆网络与传统的卷积神经网络不同，它结合了卷积神经网络的优点，并且加入了长短期记忆网络来加强时间数据的训练，提取数据的时间特征。由于长短期记忆网络在处理长时间序列过程中，有着非常好的应用，其优势明显。

于是，本章提出一种多元网络结构的深度卷积神经记忆网络，将卷积神经网络和长短期记忆网络相结合，构建基于深度卷积神经记忆网络的时空数据采集模型；通过设定的多个指标衡量方法的准确率，对不同的体位结果进行分析，对建立的模型进行优化，提升模型训练速度，降低预测误差，并提出改进方向，用于探究在智慧农机中的可行性。

2.1 概述

农业物联网中，针对真实场景下的智慧农机时空大数据，提出一种时空数据模型，该模型采用深度卷积神经记忆网络结构，有助于提升模型训练速度，降低预测误差。该模型重点是实现一个深度卷积神经记忆网络，但首先需要时空数据，所以还是需要进行时空数据的采集。在取得智慧农机时空数据的前提下，再去构建一个时空数据模型。

为了提取出时空数据的特征，首先需要构建一个处理数据比较优秀的卷积神经网络，用来训练时空数据中的空间数据，这个模型可以使用 TensorFlow 来构建。TensorFlow 对卷积神经网络的支持非常完善，已经集成在了 tf.keras 中，只需要通过调用手段再改一些参数即可。

其次，再构建一个处理时间比较优秀的长短期记忆网络，用来训练时空数据中的时间数据，这个神经网络模型还是可以使用 TensorFlow 来构建。在 TensorFlow 中还有对卷积神经网络的支持，但更多的还是需要自己去调配合理使用。

在构建好两种神经网络之后，需要通过适当的组合去合成一个多重神经网络模型，明确组合顺序，清楚组合结构。输入数据的维度应与该神经网络模型的数据流入维度是一致的，所以需要将数据集进行一定的合并填充，使得数据能够符合神经网络模型。但是时空数据是包含时间和空间的多个数据，所以在数据输入时应该将时间数据和空间数据分开，时间数据由长短期记忆网络处理，空间数据由卷积神经网络处理。所构建的神经网络模型的输出也是多个时空数据，输出的值是预测数据，则本书构建的这个模型应该是一个线性回归模型，能够预测未来的多个时空数据。

本章研究内容，不但要提取数据集中数据的空间特征，还要提取数据集中数据的时间特征。然后再用获取到的特征去预测规律，发现其变化规律。找到变化规律之后才可以进行下一步任务，去降低模型的误差，还要通过改进参数去提高模型的学习速度。时间数据可能存在一些时间上的规律，一年四季每个季节的数据，变化并不大，所以需要多加关注随着时间的变化而变化的空间数据规律。

2.2 数据采集技术

2.2.1 机器学习

机器学习其实早在 20 世纪末就已经出现，但是在当时却没有得到很好的发展，最大的原因是受限于芯片制造技术，当时芯片能提供的计算能力非常有限，这使得机器学习表现得不尽如人意。但随着电子技术的迅速发展，芯片能够提供非常有力的计算力支持，机器学习开始又一次回到了人们的视线中。

近年来机器学习一直都是非常热门的话题，广受互联网、医疗、金融等行业欢迎。机器学习支撑起了大部分的计算机人工智能，涉及统计学、概率论以及计算机科学等多门学科。机器学习能够对一类相似的数据集，通过一定的算法去自动分析，并得出该数据集所具有的规律。在找到规律之后，通过计算机中的算法，生成一个适用函数，通过这个函数可去推测新加入的类似未知数据。由于算法通常都是基于统计和概率，所以会涉及统计学这一学科与理论。再者就是机器学习的预测和统计学的推断有着十分密切的联系，因此机器学习又被称为统计学理论的实现。机器学习可以用数据，通过反馈调节优化计算机程序的性能，因此十分受欢迎。

机器学习一般可以分为三种类别：第一种是无监督学习，没有人监督；第二种是半监督学习，部分进行人为干扰和监督；第三种是监督学习和增强学习，会人为干扰和监督。在无监督学习中，机器学习所输入的训练数据集中，没有人工标注的预测结果，所以预测方向是不定向的，最常见的无监督学习算法是深度学习算法。监督学习，在训练数据集中，明确标注出预测方向，这也限定了预测方向，所以一般是学习出一个新的函数，用于对新的数据进行计算，常见的监督学习所采用的算法是线性的回归分析。半监督学习，顾名思义就是一部分是无监督学习，而另一部分是监督学习。增强学习，为了提高学习速率和预测准确度，会自动作出变化与调整，变化调整的根据是环境的变化，通过这种反馈调节，使得预测结果的准确率有明显的提升。

TensorFlow 是由美国 Google 公司开发的一个开源的机器学习框架，可以用来构建各种计算机神经网络模型。虽然只是一个开发框架工具，但是它有一个开源的社区，以供所有机器学习的爱好者交流，使研究人员能够推动最先进的机器学习技术，开发人员可以轻松地构建和部署基于机器学习的应用程序。TensorFlow 受人青睐的原因是其拥有数据庞大的类和功能。例如机器学习框架 Keras 对 TensorFlow 中的 tf.keras 有着非常好的支持，在使用时只需要把导入语句换一下，将 import keras 换成 from tensorlfow import keras as keras 即可；除了 keras，还有 tf.audio 以及 tf.image 等非常受欢迎的类和功能。

TensorFlow 是一款迭代较快的机器学习框架，这是开源社区的特点所致。加入开源社区中，你可以分享你的主意，让 TensorFlow 变得更加好用，同时也可以反馈你所遇到的 BUG，TensorFlow 中的大部分 BUG 都可以在开源社区中得到有效反馈并进行维护，所以在修复相关 BUG 时也会迭代一次 TensorFlow 版本。但这还不是最重要的，最重要的是新的版本往往还加入了新的特征，并且会去除旧版本的某些特征，或者是将旧版本的类和功能进行相应的移动，使得 TensorFlow 不同的版本 0.x、1.x、2.x 之间不能向上兼容，这是令人很头痛的一件事。

TensorFlow 在多平台方面也表现得非常优秀，这也是许多机器学习爱好者选择 TensorFlow 的重要原因之一。它可以从源代码中构建，这是因为它是开源的，可以供机器学习爱好者查看代码并学习。其次，它还支持多个不同的系统，例如 Linux、Mac OS 和 Windows，这使得不同平台的机器学习爱好者都可以学习 TensorFlow。最重要的是它还支持多种开发语言，不仅仅是 Python，还支持 Java、C、Go 以及 JavaScript，这使得 TensorFlow 不只局限在供只会 Python 的开发者学习研究，这也是让 TensorFlow 受众更为广泛、更受欢迎的重要原因之一。

2.2.2 人工神经网络

为了更好地利用计算机所提供的便利，人们开始向更具有挑战性的方向展开了深入的研究。为了模仿人类独有的高级生物大脑，人们开始通过计算机去尝试实现一个具有自主判断意识的机械大脑，正因如此，人工神经网络诞生了。

人工神经网络,顾名思义就是一种通过计算机编程这个手段来搭建的神经网络,用来模仿生物学中的神经系统，特别是大脑，目标就是可以像人的大脑一样对事物作出认知和判断,这是一种具有特殊结构和功能的计算模型。但是,大多数情况下,人工神经网络具备学习的功能，是可以根据外界环境信息作出调整的自适应系统,通过学习，逐步优化，使得系统性能越发完善。人工神经网络的应用也十分广泛,最常见的是语音识别。

2.2.3 深度学习

深度学习是机器学习的一个重要组成部分。如果一个神经网络模型里面包含很多个人工搭建的神经层,那么神经层过多,深度就会很大,所以就叫深度神经网络。深度学习在国内也非常热门，以人工通过代码创造的神经网络为框架，基于机器学习对数据开展表征学习的算法，灵活运用分层次的抽象思想，从低层次的概念可以学习出更高层次的概念，这些层次代表着对观测值的多层抽象特征概念，并从这些概念中选出能提高效率和准确率的特征，优化深度学习效果。

很多深度学习算法都是通过机器学习的无监督学习形式实现的，至少具备一个或多个隐藏的神经网络，能够为复杂的非线性的系统建模。但由于多了很多层的抽象概念,因此其所建立的模型能力得到极大的提高,赢得了重要的优势,深受欢迎。

2.2.4 卷积神经网络

卷积神经网络（convolutional neural network，CNN）模型通常用于影像识别,通过模型训练，计算机系统也能像大脑一样识别出图片、影像中的物体、符号等。比如可以用于人脸识别，快速匹配身份信息；在医疗领域通过对核磁共振（MRI）影像进行分析，对病情进行诊断和预判；另外在特斯拉自动驾驶 Autopilot 模型中,车载摄像头可以获取周边 360°影像，经过 CNN 模型的训练，对道路上及周边出现的各类车辆、物体、标识进行识别。

卷积神经网络采用特殊的线性操作，是一种特殊的神经网络。在一个或多个神经网络层中，如果使用了特殊的卷积核运算来代替传统的矩阵乘法，那么这个神经网络就是一个卷积神经网络。它由许多神经层（有一个甚至多个卷积层，至少一层全连通层），还有与卷积层密切相关的池化层，以及各个特征向量的关联权重所组成。正是这种特殊的结构，可以使得卷积神经网络能够对两个维度的结构数据进行读取处理，这就意味着它能用于图像的识别。与其他的前馈神经网络相比较，卷积神经网络所需要考量的参数更少，与深度神经网络相比也是如此，这也让它在深度学习神经网络中很受欢迎，因为其结构相对来说更好。

2.2.5 长短期记忆网络

长短期记忆网络（long short-term memory，LSTM）是一种具有独特设计结构的神经网络，它是循环神经网络（recurrent neural network，RNN）的分支，非常适合处理那些时间跨度大的数据，也适合处理时间序列中间隔比较大的数据，还适合处理延迟比较大的数据。在长时间数据问题处理上它战胜了时间循环神经网络，也战胜了统计模型的隐马尔可夫模型，由于表现出色，备受大家的欢迎。它首次由 Sepp Hochreiter 提出，提出时并没有受到很大的关注，但在 2009 年的人工神经网络模型 ICDAR 手写识别大赛获得冠军后，开始受到大家关注。

在经典的传动递归神经网络（RNN）中，有三种神经层，一种是接收数据的输入层，另一种是处理学习数据的隐藏层，最后一种是结果预测的输出层。但是在长短期记忆网络（LSTM）中，隐藏层由独特的记忆区块（memory block，MB）组成。不同于传统的递归神经网络，长短期记忆网络中的记忆区块里面还能够包含多个不一样的记忆单元（memory cell，MC），这种记忆单元通常被人们认为是隐藏神经元。

2.3 时空数据模型构建

时空数据，指的是时间与空间相结合的数据，通过数据的结合可以反映出事物的特征或者是客观现实的变化规律。时间数据比较简单，就是年月日以及时分秒，但空间数据是比较复杂的，可以是空气中某个指标的数据，也可以是地理位置中的经纬度，还有平原、高原、山地等不同的空间数据，较难划分。例如一个气象收集工作站，它可以通过不同的传感器，每天收集空气中的干湿度、二氧化碳浓度、温度等不同的数据，通过存储手段，把收集的数据按时间记录下来，可以精确到每小时，这样可以形成一个有效的数据集。为了能够合理地反映出时间与空间的关系，数据模型中时间数据与空间数据应有着对应关系；同时，为了确保数据存储性能，最好还要考虑存储大小，即最优解是节省存储空间的。

一个合理的时空数据模型，应是一种能根据时空数据有效反映出时间与空间关系的事物变化规律的数据模型。这也是本章的主要目标，建立一个可以根据时间与空间相结合的数据来训练的模型，预测未来事物变化的规律以及趋势。

因此，需要构建的时空数据模型要符合上面提到的合理要求。在符合合理要求的基础上，再去尝试改进，优化算法复杂度。在符合合理要求的情况下，还需要根据需求去改进一下，使时空数据模型能够处理由智慧农机所采集的时空大数据。根据具体的智慧农机中所采集的时空大数据，去预测特定地点、特定智慧农机随着时间变化而变化的趋势，再根据变化的趋势去反映结果，人们通过所反映的结果，去作出最优的选择。

2.4 时空数据模型结构与设计

前面提到，一个完整的深度卷积神经记忆网络模型由两个基础神经网络所组成，所以要根据这种多重的神经网络去构建符合研究内容的时空数据模型神经网络。数据集的大致划分如图 2-1 所示。

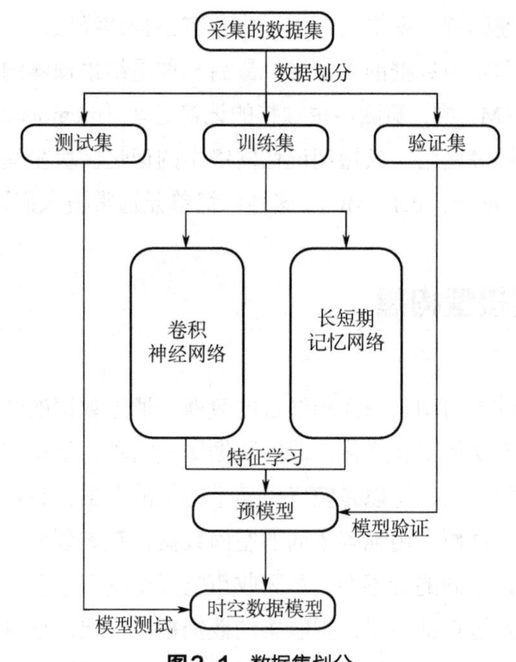

图2-1 数据集划分

根据所建立的神经网络，还需要建立一个符合输入层的输入训练数据集，或者是把数据集处理成神经网络可以处理的数据。数据需要进行特征的提取，那么卷积神经网络的卷积层就必不可少。需要对输入输出进行非线性的变换，以解决线性模型由于缺陷而不能解决的问题，那么激活函数这一个神经层也必不可少，激活函数还要提供梯度下降算法来提高学习效率。

为提高学习效率，降低网络的计算复杂度，那么需要对数据进行更为重要的提取，只提取更为重要的部分数据，那么池化层也是必不可少的。这样既可以提取出更为重要的特征，又可以防止神经网络过拟合。还有全连接神经层，这一神经层将所有特征进行连接，对数据的各种重要信息进行学习。最后就是输出层，把全连接神经层学习的结果输出。

为了学习到更多相关的信息，需要准备的时空数据往往比较多，时空数据中的时间数据跨度也比较大，长时间的数据才能更好地反映出一个事物的变化情况。那么就需要用到长短期记忆网络（LSTM）这种具有独特的神经单元结构的神经网络来处理时间跨度较大的数据了。

所以时空数据先在卷积神经网络进行处理，提取出空间大特征数据之后，再由长短期记忆网络进行时间记忆训练处理，记忆训练处理可以确定哪些数据值得记下来，哪些数据应该抛弃，如此还能提高模型的预测准确度。

由于任务是针对真实场景下的农业物联网时空大数据，提出一种采用深度卷积神经记忆网络的时空数据模型，那么主要还是得训练数据集的时间特征和空间特征，经过训练来学习时间和空间的变化趋势以及关系，进而提高预测准确度，降低训练的误差。除此之外，还需要完成对时空数据的采集。所以根据需求，所构建的时空数据采集模型有两个模块，第一个是时空数据采集模块，第二个是时空数据预测模块，如图 2-2 所示。

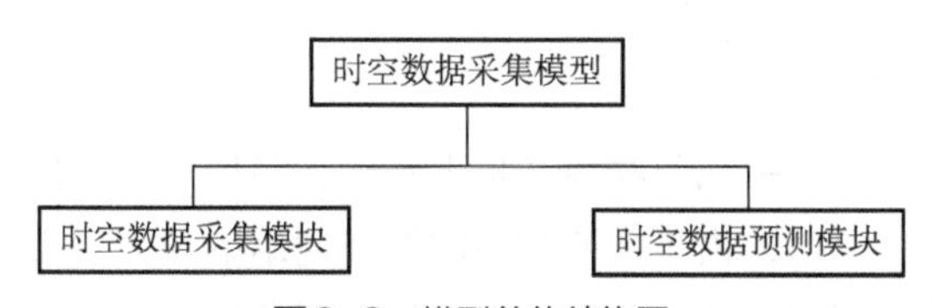

图2-2　模型总体结构图

卷积神经网络在表达邻近特征的相关问题这一方面有着巨大的优势，所以选取一维的卷积神经网络就足够用来提取输入数据的空间特征信息。对于一般的卷积神经网络来说，卷积计算之后需要进行池化操作处理，池化操作可以保持数据的特性，压缩数据，降低计算复杂度。但是对于数据量小计算量不多的任务来说，可以不使用池化操作，因为一开始数据就不多，不需要压缩数据。

当需求清楚之后，那么任务目标也就明确了，首先建立一个深度卷积神经记忆网络模型，这里采用深度学习常见的 Keras。由于 Google 开发的 TensorFlow 中包含 Keras，且 TensorFlow 中的 TensorBoard 有着非常好的可视化界面，所以本章采用了 TensorFlow 来建立这个模型。

2.4.1 时空数据采集设计

智慧农机的时空数据在农机公司网站上也有提供，这些智慧农机的时空数据采集可以采用网络爬虫与模拟用户爬虫相结合的方式。网络爬虫通过同一类型的地址链接就可以实现，难点在于模拟用户爬虫，模拟用户爬虫需要向服务器提交用户登录表单，服务器根据表单向数据库查询数据并将数据返回给客户端。因此通过模拟付费用户登录获取权限，进而向服务器提交表单数据请求申请，即可完成智慧农机的时空数据采集。

2.4.2 输入层构造

首先用 Keras 中的 Models 模块里面的 Sequential 函数来初始化一个模型，再往里添加神经层，这个过程在实现方面都比较容易。首先往模型里面添加的神经层是输入层，可以通过改变默认参数确定该神经层的神经元数目，之后再通过改变参数来确认卷积核的大小，再选择激活函数。根据人们对激活函数的认识，选择了大家熟知的 ReLU 函数来作为激活函数，效果也是很不错的，最重要的是确定了 input_shape 这个参数，它是一个元祖类型，可以确定输入数据的大小和形状，也就是指定输入维度。

2.4.3 卷积神经网络构造

（1）卷积层构造

确定好输入层之后，那么就需要在接下来的神经层对输入层的数据进行一系列的特征提取和学习。这时，由于本节构建的神经网络的输入层就是一个卷积层，所以在卷积层后面的一层往往是池化层，池化层需要紧密结合卷积层，尤其看重卷积层的输出。因为池化层需要接收卷积层所传过来的数据并进行池化操作，所以，本节选择了一个最大池化操作，来提取数据的特征。

在卷积神经网络中，卷积层是一组包含了很多特征的平行特征图，它在输入图像上划分出不同的区域，类似于滑动窗口那样，每个滑动窗口都通过卷积核内特定的运算方式将所得结果提取出，并组合成一个新的矩阵，称为特征图，所以卷积核又称为特征过滤器。卷积核是用来提取特征的，这个特征是指输入图像的特征。卷积核一般是由 3×3 的矩阵所组成，远比输入图像小得多，通过多个不同的卷积核，所提取出的特征图也不尽相同。由于这些特征图都是在同一个图像中提取的，所以权重还有偏置项都是共享的，各个卷积核有着重要的关联，所以通过不同的卷积的操作，可以有更高的运算效率，以及更小的资源开销。卷积本质上就是为了减少全连接层神经元的数量，减少运算量，而用于前期数据处理的一种方法，就是为了降低数据维度，从而提高图像的处理效率。图 2-3 是一个 4×4 的输入矩阵，卷积核的大小是 2×2 的矩阵，步幅为 2，经过了卷积操作之后，得到了特征图。

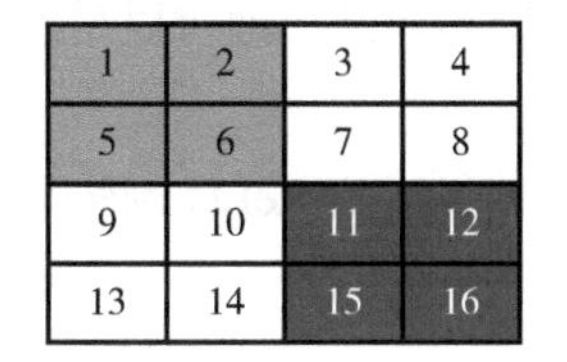

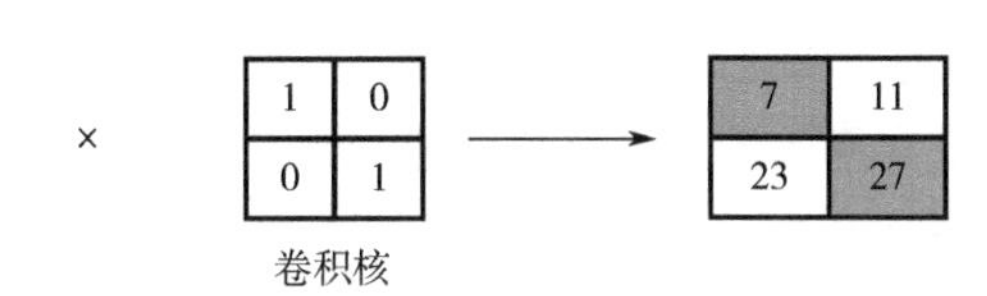

图2-3 卷积操作

（2）池化层构造

在卷积神经网络中，有一个池化层，对卷积之后的数据进行池化操作。正因为要处理卷积之后的数据，所以池化层往往都处于卷积层的后面。通过池化操作，提取最关键、最能表示特征的特征向量，可以明显减少卷积层所提取出来的特征向量。同时，池化层的池化操作也可防止过拟合现象，这也就改善了结果。相比较于卷积层的复杂，池化层就显得简单多了。池化是一个非常重要的概念，采用非线性降采样，对数据进行降维，通过与卷积核合作，提取特征维度，可以有效地减少网络参数，同时还能防止过拟合。所谓的池化操作，个人理解其实就是，如果输入是一个矩阵或者是输入张量，把这个矩阵进行划分，再对划分出的每一个小矩阵进行压缩的操作。例如二维输入张量的最大池化操作是把输入的二维矩阵划分成若干个小矩形区域，然后提取每个小矩形区域中的最大值，输出为一个由所提取的每个小矩形区域中最大值所组成的矩阵。平均池化操作就是把输入的二维矩阵划分成若干个小矩形区域，然后求每个小矩形区域中的平均值，输出为一个由所求的每个小矩形区域的平均值所组成的矩阵。如图 2-4 所示，是一个矩阵采用 2×2 的最大池化操作，它的步幅为 2，经过池化后，数据得到了很明显的压缩。

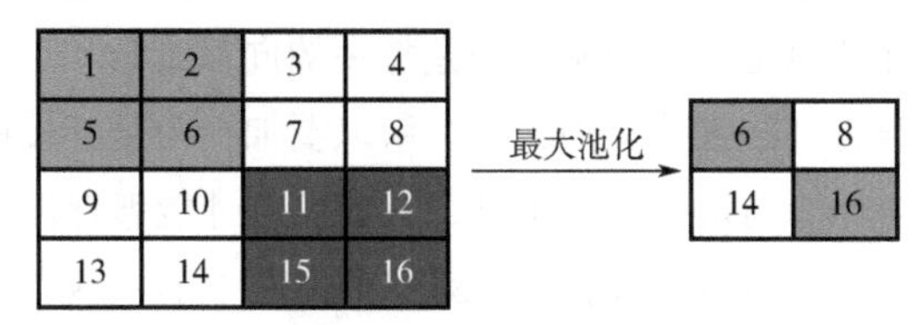

图2-4 最大池化操作

（3）选择激活函数

选择合适的激活函数是一个非常重要的问题，激活函数的出现弥补了线性模型的不足，线性函数所不能表达的地方通过激活函数来表达。激活函数主要是用来给神经网络加入一些曲线因素，那么就不是线性的了。如果输入的变化不大，但得到的结果在某种程度上是相差巨大的，这是一种非常不理想的情况，这不是所期望的结果。所以为了模拟更微小变化的时候，能够得到期望结果，输入数值的选择不只是 0 和 1 这两个数，输出数值的选择也不只是 0 和 1 这两个数，而可以是大于等于 0 到小于等于 1 之间的任意实数。

目前常用的激活函数有五种，如表 2-1 所示。简单易用的 ReLU 函数是比较好的一个选择。

表2-1　常用的激活函数

激活函数	公式
Sigmoid 函数	$f(x)=\frac{1}{1+e^{-x}}$
Tanh 函数	$f(x)=\frac{e^{x}-e^{-x}}{e^{x}+e^{-x}}$
ReLU 函数	$f(x)=\max(0, x)$
Leaky ReLU 函数	$f(x)=\begin{cases}1, & x<0 \\ \alpha x+1, & x\geqslant 0\end{cases}$
Maxout 函数	$f(x)=\max(w_1^{T}x+b_1, w_2^{T}x+b_2)$

2.4.4　长短期记忆网络构造

长短期记忆网络在 TensorFlow 中被集成在一个 keras.layers 里面，只需要通过调节它的默认参数，就可以修改出一个合适的 LSTM 层。那么需要先调整合适的神经元的个数，再跟卷积层一样选择合适的激活函数，但在这一层中，是要提取学习时空特征的。所以，经过池化之后，就可以将池化操作之后的特征数据加入长短期记忆网络中，由长短期记忆网络去学习处理数据。

长短期记忆网络的输出是指定的单位（units）维度的向量，但在最后是用标签计算损失的，虽然标签也是一种向量，但是标签的向量维数和单位（units）维数并不一致，这样就很难有办法去计算损失了。所以要加一个全连接神经层，用来将输出时的向量变换成与标签向量一致的维度，只有这样才能够计算出损失。

长短期记忆网络是一种具有独特的 LSTM 区块的类神经网络，区块中有着其他神经网络没有的独特的输入阀（input gate）和输出阀（output gate），以及非常重要的遗忘阀（forget gate），遗忘阀的作用是决定输入阀的信息能不能被记住以及能不能输入。为了实现最小训练误差，一般用梯度下降法来降低误差，误差从输出阀反馈至输入阀，实现类反馈调节，最简单的LSTM结构如图2-5所示。所以在构造长短期记忆网络时，需要把各个部分参数都设定好。

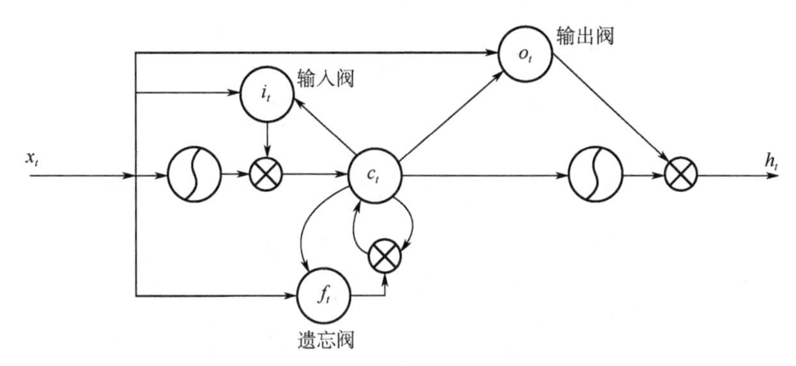

图2-5 最简单的LSTM结构

图2-5的有关方程式如下，其中x_t为输入；f_t为遗忘阀；i_t为输入阀；o_t为输出阀；h_t为隐藏状态；c_t为单元状态；下角标t为时间；$\boldsymbol{W}$、$\boldsymbol{U}$、$\boldsymbol{b}$分别为神经网络训练中的矩阵。用网络学习计算元值。

$$f_t = \sigma_g\left(\boldsymbol{W}_f x_t + \boldsymbol{U}_f h_{t-1} + \boldsymbol{b}_f\right) \tag{2-1}$$

$$i_t = \sigma_g\left(\boldsymbol{W}_i x_t + \boldsymbol{U}_i h_{t-1} + \boldsymbol{b}_i\right) \tag{2-2}$$

$$o_t = \sigma_g\left(\boldsymbol{W}_o x_t + \boldsymbol{U}_o h_{t-1} + \boldsymbol{b}_o\right) \tag{2-3}$$

$$c_t = f_t c_{t-1} + i_t \sigma_c\left(\boldsymbol{W}_c x_t + \boldsymbol{U}_c h_{t-1} + \boldsymbol{b}_c\right) \tag{2-4}$$

$$h_t = o_t \sigma_h\left(c_t\right) \tag{2-5}$$

2.4.5 全连接层构造

在经过卷积和LSTM的时间序列训练之后，就应该穿插地加入多层全连接神经网络和dropout层，这样的目的是防止邻居的神经元出现过拟合的现象，并为其添加多个神经元，以学习记忆训练集的变化趋势，学习变化曲线，找出一个符合预测模型Function函数来准确地预测。

全连接层是卷积神经网络中的多层感知机，也是卷积神经网络重要的组件之一。在用于分类任务的卷积神经网络中，后面的神经层很多都是全连接神经层，可以把实现表征的特征向量给最终的输出结构作映射关系。由于神经网络无论在理论上还是在性能上都发展得比较成熟，在很多不同的任务之中都体现出其优点，但还是有些不足之处，如学习效率不高；容易被局部最优所欺骗，而停止继续学习，无法找到全局最优解的情况。这就类似于一个函数的极小值不只一个，但是所找到的极小值并不是所有极小值中最小的。没有适当的理论指导深度和隐藏节点个数的关系，因此具有一定的随机性。全连接层结构如图 2-6 所示。

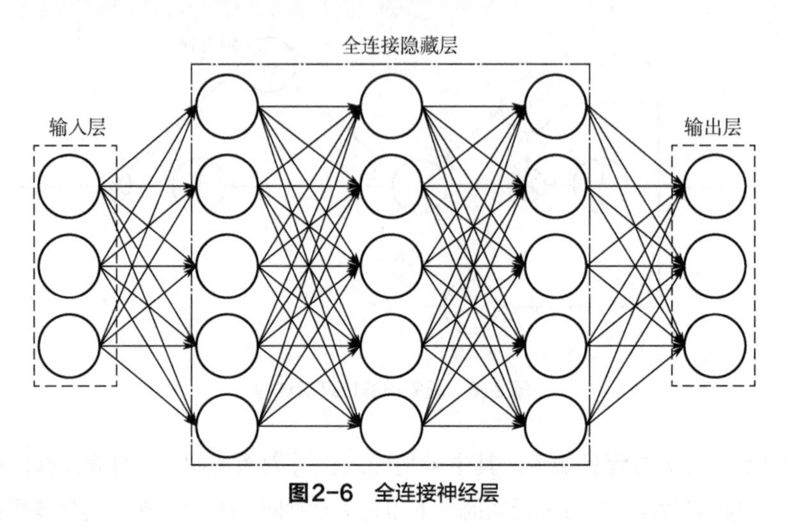

图2-6　全连接神经层

2.4.6　输出层构造

为了得到与预期结果一样的输出，需要构造一个输出层，输出层由全连接神经层组成，根据需要来构造输出维度与输出值的个数。如果神经网络是一个分类问题，处理学习分类问题，选择的是 Softmax 激活函数，但是在回归问题中，应该是使用恒等函数。本章的要求是构建一个预测模型，很明显不是一个分类问题，而是机器学习中的回归问题，所以输出层只需要设定好输出数据的维度就好了。

2.5　模型实现与结果分析

2.5.1　时空数据的采集与实现

采集模型主要包含三个部分，分别是模拟登录、数据采集以及数据保存与显示，具体介绍如下：

① 模拟登录。主要是为了绕过权限的限制，可以查看时空数据各个指标，以及往年的这些数据。

② 数据采集。主要是采集时空数据的各种指标，如二氧化碳浓度、空气湿度、温度等。采集数据流程如图 2-7 所示。

③ 数据保存与显示。这一部分的功能主要是把采集到的智慧农机的时空数据进行保存，保存的这些数据可用在时空数据模型中，用作训练的数据集。

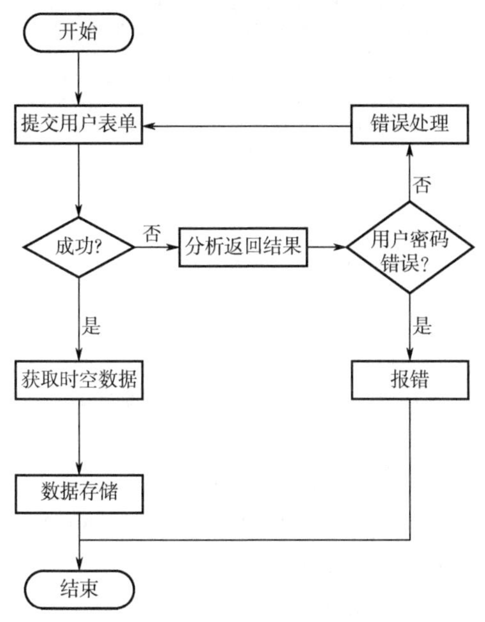

图2-7　采集数据流程图

（1）模拟登录

一般情况下，用户的 cookie 都会被保存在本地浏览器的缓存之中，服务器利用 cookie 中的信息来判断是哪个用户。众所周知，超文本传输协议（HTTP）的连接是无状态的，服务器若是在同一时间内收到好几个请求，仅用 HTTP 无法区分这几个请求是否属于不同的用户。

查看 cookie 时，先用 Chrome 浏览器打开相应的网站，然后右键点击网页，在出现的菜单中选择检查，就可以进入开发者模式。在 Network 栏目下会详细记录每次 HTTP 请求，点击其中一个 HTTP 请求，就可以在 Headers 栏目下查看到 cookie 或者 set-cookie，如图 2-8 所示。若是 set-cookie，浏览器则会将 set-cookie 在本地缓存中保存的该 set-cookie 中的内容作为 cookie。此后在该 cookie 失效之前，浏览器每次对该网站发送请求时，都会携带这个 cookie，服务器就会辨认出用户。

在程序请求过程中，请求时添加 User-Agent 参数，就可以伪装成浏览器，然后利用 cookie 具有时效性这个原理，可以让程序伪装成用户，得到只有用户登录后才有权限获取的资源。

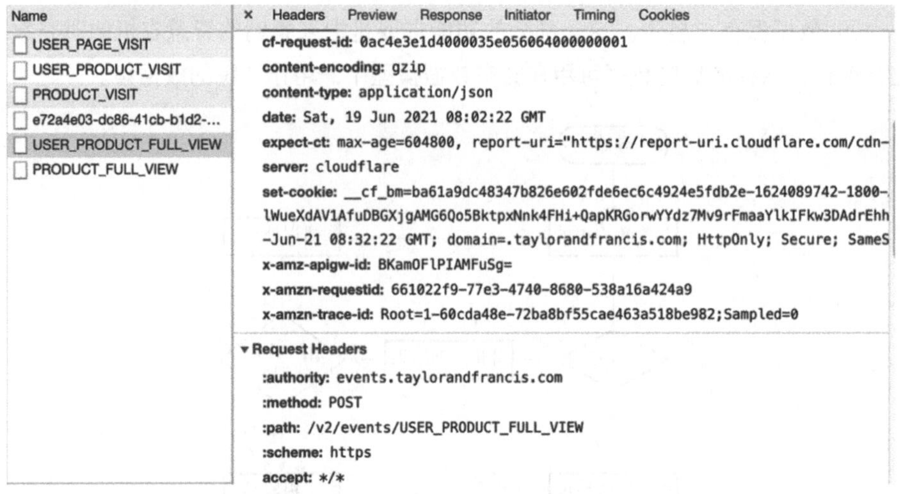

图2-8　在Chrome浏览器中查看cookie

下面的程序添加了用户表单以及 User-Agent。

```
s.stdout = io.TextIOWrapper（sys.stdout.buffer，encoding='utf8'）
data = {'Login.Token'： 'user_name',
        'Login.Token'： 'password',
        'goto： http'： '//events.taylorandfrancis.com/v2/events/loginSuccess.portal',
    'gotoOnFail: http': '//events.taylorandfrancis.com/v2/events/loginSuccess.portal'}
post_data = urllib.parse.urlencode（data）.encode（'utf-8'）
headers = {"""User-agent'： 'Mozilla/5.0 （Windows NT 6.1； WOW64）
                AppleWebKit/537.36（KHTML， like Gecko）
            Chrome/60.0.3112.113 Safari/537.36"""}
login_url = ' http： //ssfw.xmu.edu.cn/cmstar/userPasswordValidate.portal
req = urllib.request.Request（login_url，headers = headers，data = post_data）
cookie = http.cookiejar.CookieJar（）
opener =urllib.request.build_opener（
urllib.request.HTTPCookieProcessor（cookie））
resp = opener.open（req）
url = 'http： //ssfw.xmu.edu.cn/cmstar/index.portal'
req = urllib.request.Request（url，headers = headers）
resp = opener.open（req）
```

（2）多线程应用

为了加快数据采集的速度，需要对采集数据的函数模块进行多线程操作。只需

要继承 ThreadPoolExecutor 就可以实现多线程。类的继承实现如下:

```
class ThreadPoolExecutorWithQueueSizeLimit (ThreadPoolExecutor):
    def __init__ (self, max_workers=None, *args, **kwargs):
        super () .__init__ (max_workers, *args, **kwargs)
        self._work_queue = queue.Queue (max_workers * 2)
```

对于上面建好的有界线程队列池，可以通过这个队列内置的 submit () 方法来创建大量的线程，只需要在这个方法里面加入需要创建线程的函数名称，还有这个函数名称所对应的各个参数，即可对此函数开展多线程运行，也就是可以同时采集不同的数据。创建多线程的实现如下:

```
with ThreadPoolExecutorWithQueueSizeLimit (self._max_workers) as pool:
    for k, ts_url in enumerate (self._ts_url_list):
        pool.submit (task_funtion, canshu1, canshu2, canshu3)
```

(3)采集数据

可以利用 BeatufulSoup 对服务器所返回的 HTML 资源进行匹配和提取, 若服务器返回的是一个 Ajax 类型数据，Ajax 类型数据是通过 Json 格式来传输的，这时候就可以用 import json 来取得 Json 数据格式的支持，如图 2-9 所示。

匹配数据可以使用正则表达式、Xpath 解析、CSS 选择器，通过 HTML 的标签来定位数据的位置，进而提取数据。若返回的是 Json 数据，通过 Json.dump () 和 Json.dumps () 这两个函数，就可以把数据提取了。

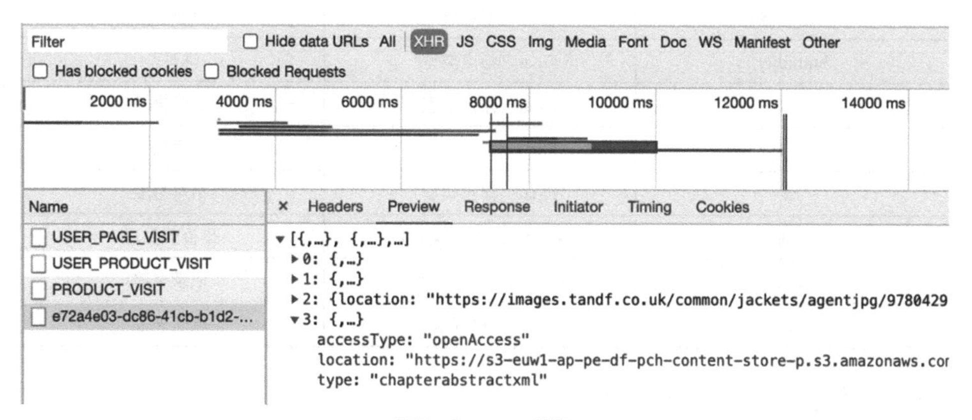

图2-9　Json数据

(4)存储数据

如果本地电脑上安装了 MySQL 数据库以及 Python 的第三方开源库 PyMySQL，模块添加成功以后，就可以使用 PyMySQL 对数据库进行增删改查步骤。

连接数据库，在调用 PyMySQL 模块以后，需要应用本地 MySQL 数据库 IP 地址和监听端口号连接本地数据库，使用方法为 db = pymysql.connect （'127.0.0.1', 3306）。

当上面小节中采集到数据时，需要插入数据库中保存起来。插入 MySQL 数据库之前，需保证插入的数据为字典格式，以键值方式插入表中，通过调用 insert（）函数，程序表现为 insert（{}）。

对数据进行存储时，需要构建一个表结果，如表 2-2 时空数据表结构所示，单位均使用中国标准单位。

表2-2 时空数据表结构

字段	数据类型	注释
_id	String（字符串类型）	id
date	Date（日期类型）	日期
temperature	Float（浮点类型）	温度
no_2	Float（浮点类型）	二氧化氮
co	Float（浮点类型）	一氧化碳
co_2	Float（浮点类型）	二氧化碳
pm_2_5	Float（浮点类型）	PM2.5
wind	Float（浮点类型）	风速
pm_10	Float（浮点类型）	PM10
pm_1_5	Float（浮点类型）	PM1.5
humidity	Float（浮点类型）	湿度
so_2	Float（浮点类型）	二氧化硫
o_2	Float（浮点类型）	氧气
rh	Float（浮点类型）	相对湿度
holiday	Boolean（布尔类型）	是否节假日
time	Number（数字类型）	记录次数
dow	Number（数字类型）	星期天数

2.5.2 数据处理与模型训练

当采集到时空数据之后，就该进行数据处理和特征的提取了，使用 Python 第三方的开发包 Pandas 来批量读取 MySQL 数据库里面的数据集，构造出符合 2.4 节所构造的神经网络的输入数据集，并且需要从原始数据中分出训练集和测试集。因为这里构造的并不是一个具有监督的神经网络模型，所以不需要分出一个验证集。用

Pandas 批量读取的数据如图 2-10 所示。

	date	temp	rh	wind	NO2	CO	PM2.5	holiday	time	dow	...
0	2013-01-01	12.0	39	1.6	88.316123	1.072977	53.984931	1	1	2	...
1	2013-01-02	16.4	50	1.8	106.075734	1.294931	82.604167	1	2	3	...
2	2013-01-03	15.8	61	2.3	59.930556	1.210649	62.017857	1	3	4	...
3	2013-01-04	9.8	71	3.0	48.361111	1.240139	35.868056	0	4	5	...
4	2013-01-05	11.6	68	1.8	55.395833	1.230658	43.159722	0	5	6	...
...	...	...	...	...	...	...	...	...	...	...	...
1821	2017-12-27	18.0	69	1.3	30.090000	0.780000	45.270000	0	1822	3	...
1822	2017-12-28	18.5	68	1.3	43.730000	0.820000	48.550000	0	1823	4	...
1823	2017-12-29	19.6	68	1.1	34.270000	0.770000	50.640000	0	1824	5	...
1824	2017-12-30	19.9	68	2.0	28.550000	0.750000	36.270000	0	1825	6	...
1825	2017-12-31	17.7	49	3.3	23.270000	0.930000	43.540000	0	1826	7	...

1826 rows × 24 columns

图2-10　Pandas 批量读取的数据

（1）数据预处理

在数据送往神经网络处理之前，需要对数据进行归一化处理，首先是针对所构建的深度卷积神经记忆网络的输入层构建出合理的输入数据。

数据采集中的特征向量表达时，一个非常重要的问题是要把数据进行归一化。在归一化处理之前，数据往往是分布在较大区间内，这样在梯度下降寻找全局最优解时所需要验证的次数变得多。因为梯度下降算法是要找出数据分布相似函数曲线的极值点，当数据太过于分散时，梯度下降可能变得太快，这是不希望看到的，下降太快可能还没找到这个极值点，就已经跳过这个极值点了。通过归一化处理来保证每个数据可以平缓地集中分布在某个区间，所能提取出来的每个特征向量都不会被跳过，能得到同样的处理。归一化所用的公式如式（2-6）所示，也就是最大最小值归一化处理。

$$x_i = \frac{x_i - x_{\min}}{x_{\max} - x_{\min}} \tag{2-6}$$

对数据进行归一化处理后，数据的分布会更加密集地集中在某个区间，且分布是按照最大值最小值相关的处理后的比例分布的，在理论上能够加快梯度下降算法找到全局最优解。

利用 sklearn.preprocessing 下 MinMaxScaler () 函数来进行最大最小值的归一化处理。经归一化处理完之后的数据如图 2-11 所示，可以看到数据分布在 0~1 之间，再对数据进行维度的调整，通过 reshape（）函数来调整数据的维度，以此来构建出一个合适的输入数据集。其中一次的输入数据维度为（1459，12，10）和（1459，12），验证集的维度为 （365，12，10） 和（365，12）。

```
1  x_train

array([[[0.4779661 , 0.48148148, 0.125     , ..., 0.8       ,
         0.83333333, 1.        ],
        [0.53220339, 0.72839506, 0.16071429, ..., 0.80054795,
         1.        , 0.        ]],

       [[0.53220339, 0.72839506, 0.16071429, ..., 0.80054795,
         1.        , 0.        ],
        [0.5559322 , 0.80246914, 0.19642857, ..., 0.80109589,
         0.        , 0.00273973]],

       [[0.5559322 , 0.80246914, 0.19642857, ..., 0.80109589,
         0.        , 0.00273973],
        [0.55932203, 0.80246914, 0.125     , ..., 0.80164384,
         0.16666667, 0.00547945]],

       ...,

       [[0.50847458, 0.60493827, 0.17857143, ..., 0.99835616,
         0.5       , 0.9890411 ],
        [0.54576271, 0.60493827, 0.14285714, ..., 0.99890411,
         0.66666667, 0.99178082]],

       [[0.54576271, 0.60493827, 0.14285714, ..., 0.99890411,
         0.66666667, 0.99178082],
        [0.5559322 , 0.60493827, 0.30357143, ..., 0.99945205,
         0.83333333, 0.99452055]],

       [[0.5559322 , 0.60493827, 0.30357143, ..., 0.99945205,
         0.83333333, 0.99452055],
        [0.48135593, 0.37037037, 0.53571429, ..., 1.        ,
         1.        , 0.99726027]]])
```

图2-11 经过归一化处理后的数据

（2）模型编译

构造好神经网络模型的结构之后，在使用神经网络模型之前，必须编译，否则在使用时就会抛出异常。在编译时，需要指定使用的 optimizer，也就是确定优化器。由于梯度下降算法都是最原始最基础的算法，所以需要确定一个 optimizer 来计算梯度，并执行最优的决策，也就是沿着梯度下降的方向去寻找最优解，更新权重。

如果模型构建没有出问题，在编译时通过 model.summary（）方法，就会出现如图 2-12 这样类似的模型结构提示，它的全部参数达到 229848 之多，可见数据量非常之大。

```
Model: "PersonalModel"
_________________________________________________________________
Layer (type)                 Output Shape              Param #
=================================================================
embeddings (Dense)           (None, 2, 12)             132
_________________________________________________________________
LSTM (LSTM)                  (None, 2, 128)            72192
_________________________________________________________________
CNN (Conv1D)                 (None, 2, 128)            16512
_________________________________________________________________
max_pooling1d_8 (MaxPooling1 (None, 1, 128)            0
_________________________________________________________________
dropout_8 (Dropout)          (None, 1, 128)            0
_________________________________________________________________
lambda_8 (Lambda)            (None, 128)               0
_________________________________________________________________
dense_8 (Dense)              (None, 1000)              129000
_________________________________________________________________
output (Dense)               (None, 12)                12012
=================================================================
Total params: 229,848
Trainable params: 229,848
Non-trainable params: 0
```

图2-12　模型编译的输出

（3）训练数据的空间特征

卷积神经网络会进行卷积操作，卷积操作所提取到的数据特征还需要再进行池化操作。池化在前面也提到过，它的主要作用是提取最有效的特征，起到压缩数据的作用。但是如果输入的数据比较有限，数据的特征数量本身就不多，那么就经不起压缩，因为一压缩就会损失较多的特征。所以这种情形下一般都不会进行池化操作。

为了保证输入的数据不变，输出的数据又能很好地体现出数据的特征，可以先卷积再进行填充，以空白数据来填充，如此反复地卷积再填充，那么这个神经网络就可以大大加快学习速度。在经过一轮理论上的分析之后，最后还是选择了较为普通的卷积神经网络结构。

（4）训练数据的时间特征

循环神经网络（RNN）是一种专门用于处理类似于x^1，x^2,…，x^τ这种序列的神经网络。正如卷积神经网络那样，很容易就能够扩展到那些高度和宽度都比较大的图形，甚至还可以用来处理那些大小不确定的可变图形，循环神经网络还可以扩展到那些比不基于序列的特化网络更长的序列。循环神经网络的计算图模型如图2-13所示，其中，h表示隐藏值，x表示输入值，o表示输出值，y表示对应x的标签值，L表示代价损失函数，W表示记忆单元的权值，U表示x的权值，V表示隐藏层的权值。

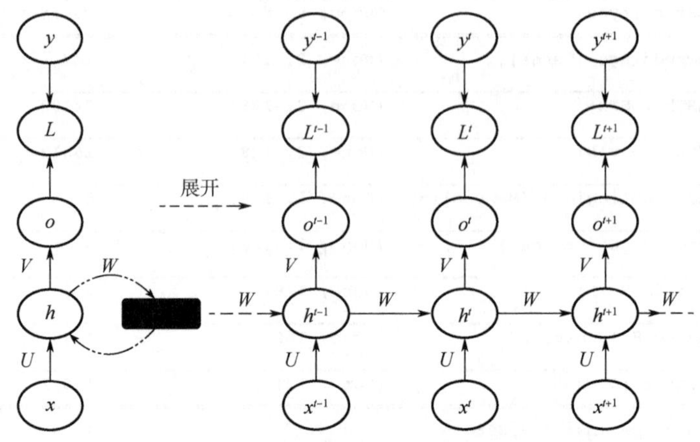

图2-13　RNN的计算图模型

循环神经网络在处理时间序列数据时，比其他的神经网络好一点，好在它能后学习到数据的特征，并对所学习的特征进行记忆，增加相应的权值再记录下来；在全连接神经层中对所学习的各个特征记忆加以联系，使得各个学习点神经单元都能够相互影响，相互促进，这是因为除了输入层的神经元，输入层之后的每个层的神经网络神经单元都需要它前面的神经元提供的特征数据，在前面的神经单元学习处理之后，后面的神经单元接收了前面所传递过来的权值与数据，再去学习，并在最后通过反馈方式，反向调节前面的神经元。

传统的卷积神经网络不是完美的，不适用于所有的数据，在时间跨度较大的数据面前表现尤为乏力，无法有效地利用时间跨度大的数据，因此存在局限性。而长短期记忆网络就不一样，在时间跨度较大的数据中提取特征数据时表现尤为优秀，而且对时间数据中的时间间隔几乎没有什么限制，能够很好地提取出数据的时间特征。

长短期记忆网络对传统的卷积神经网络一个特殊的扩展是使用了一种自循环的权重，这种权重的确定会受到上游神经单元和下游神经单元的影响，随着上下游神经单元的改变而有可能发生改变。每一个阀门的控制函数是由另一个隐藏层单元来控制，由于时间的序列变量是模型的数据输入，所以模型累计的时间跨度是可以动态改变的。

长短期记忆网络除了外部的卷积神经网络循环外，还有内部的长短期记忆网络独有的“细胞”循环，就是长短期记忆网络中的记忆单元（MC），是记忆区块（MB）的重要组成，它的简单结构如图 2-14 所示。

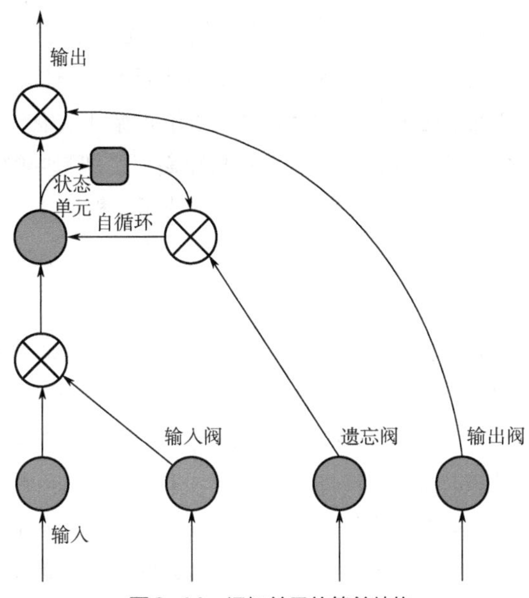

图2-14 记忆单元的简单结构

由图 2-14 的结构可以知道,长短期记忆网络的记忆单元并不是只有输入结构和输出结构,里面还具有一个状态单元自循环,而状态单元不仅会受到自循环的影响,还会受到输入阀的影响。一个输入的数据，受到输入阀、遗忘阀还有自循环等权值的影响，输入阀如果把阀门关上，那么数据就不能输入了，同理，如果输出阀把阀门关上，就没有输出了。由于遗忘阀的存在，尽管有数据输入，输入阀门与输出阀门都处于开启状态，但不一定有输出。因为遗忘阀可能决定数据没有权重，或者权重太小，就会放弃此次数据，所以就没有了输出。

在 t 时刻第 i 个细胞的输入阀 g_i^t 、输出阀 o_i^t 、状态单元 s_i^t 、遗忘阀 f_i^t 以及最后的输入 h_i^t 的表达如下:

$$f_i^t=\sigma\left(b_i^f+\sum_j U_{i,j}^f x_j^t+\sum_j W_{i,j}^f h_j^{t-1}\right) \tag{2-7}$$

$$g_i^t=\sigma\left(b_i^g+\sum_j U_{i,j}^g x_j^t+\sum_j W_{i,j}^g h_j^{t-1}\right) \tag{2-8}$$

$$o_i^t=\sigma\left(b_i^o+\sum_j U_{i,j}^o x_j^t+\sum_j W_{i,j}^o h_j^{t-1}\right) \tag{2-9}$$

$$s_i^t=g_i^t\sigma\left(b_i+\sum_j U_{i,j} x_i^t+\sum_j W_{i,j}^g h_i^{t-1}\right)+f_i^t s_i^{t-1} \tag{2-10}$$

$$h_i^t=\tanh\left(s_i^t\right)o_i^t \tag{2-11}$$

式中，x^t 表示当前的输入量；h^t 表示当前的隐藏值；o^t 表示输出，包含所有长短期记忆网络细胞的输出；b^f 、U^f 和 W^f 分别是遗忘阀的偏置、输入权值和循环权值；b^g 、U^g 和 W^g 分别是输入阀的偏置、输入权值和循环权值；b^o 、U^o 和 W^o 分别是输出阀的偏置、输入权值和循环权值。b 是长短期记忆细胞中的偏置，U 是长短期记忆细胞中的输入权值，W 是长短期记忆细胞中的循环权值。

2.5.3 测试与训练模型

在神经网络模型与数据都构造好了之后，接下来就要测试模型的可用性。先将构建的神经网络模型生成一个 models 对象，这个模型对象里面会存在 compile（）方法与 summary（）方法，通过调用 models.compile（）方法对模型进行编译测试，如果模型构建中存在错误，则有错误提示，如果没有错误，则会顺利通过编译测试。

由于所构建的神经网络模型是使用 TensorFlow 中的 Keras 来构造的，所以就用 Keras.models.fit（）方法来训练模型，将构造好的数据作为训练集，同时指定参数验证集 validation_data 的数据用来验证模型，指定参数 epochs 来指定遍历数据集的次数。

为了能够更好地看到训练过程的变化趋势，在指定参数 callbacks 中，加入 Keras.callbacks.EarlyStopping（），来防止模型出现过拟合，提前终止训练；加入 Keras.callbacks.ModelCheckpoint（）并指定它的 save_best_only 参数，来保存训练出最优的神经网络模型，如果没有这个参数，则只会保存最后一次训练的模型。为了可以更加直观地看到数据在神经网络里学习的流动方向，在训练过程中调用函数 Keras.models.fit（）时，再在这个函数的指定参数 callbacks 里面加入一个名为 Keras.callbacks.Tensorflow（）参数来跟踪训练过程，这样就可以在 TensorBoard 中看到损失函数的变化曲线，同时可以在 TensorBoard 中看到数据的流动图。

当然，Keras.models.fit（）也会返回一个字典类型的 history，这个字典 history 里面有多个键值对应训练过程的数据，可以通过键来寻找里面的数据值。里面的数据值是一个列表类型的数据，通过提取这个列表里面的这些数据，可以用 Matpoltlib 在画布上绘制出多个点，然后再把这些点一一连接起来就成为了一条变化曲线。如果在同一个画布上绘制多条变化曲线，那么在不同的数据上应该选择不同的曲线类型，用实线或者虚线或者其他的类型，只需要在绘制时通过参数 linestyle 确定即可，除此之外还需要对曲线对应的这一组数据进行标注或者图注，用于区分不同的数据。这样一来就可以用 Matplotlib 画出损失函数的变化曲线，经过多次的重复训练，能够较好地学习到数据的特征。

在图 2-15 中可以看到训练集的损失函数变化曲线 train 一直在不断下降，但是在最后下降到 0.2 左右就停止了，而且在验证的时候验证集的损失函数变化曲线

valid 比训练集的损失函数变化曲线 train 还要大。在了解相关知识之后，发现这个模型还是可能存在过拟合的现象，出现过拟合现象就说明模型不是最理想的，需要对其进行参数调整，以验证模型是否出现了过拟合的现象，从而起到模型优化的作用。

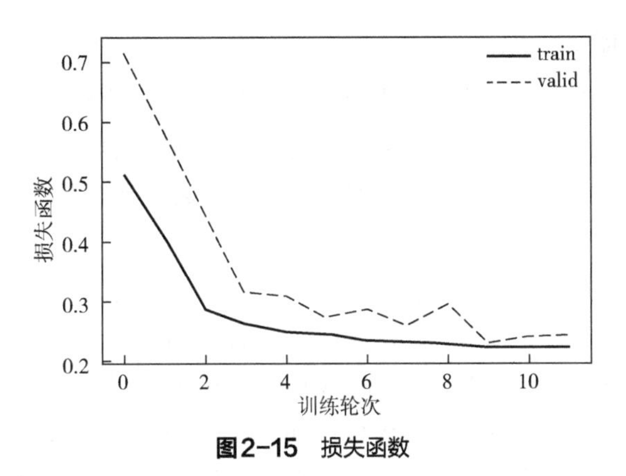

图2-15　损失函数

2.5.4　模型优化与验证

（1）模型优化

在对神经网络模型进行调节优化时，可以从 dropout 层以及梯度下降算法选择等方面入手，经过查找很多资料发现，Adam 梯度下降算法有很多优点，计算高效，方便实现，内存使用很少，更新步长和梯度大小无关，并且由它们决定步长的理论上限，对目标函数没有平稳性要求，即损失函数可以随着时间变化，能较好地处理噪声样本，并且天然具有退火效果，能较好地处理稀疏梯度。经过大量重复训练数据表明，在选择 Adam 时，有着很好的结果。

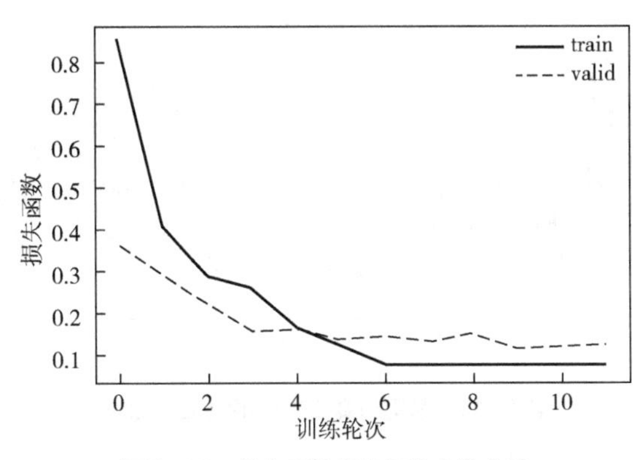

图2-16　优化后的损失函数变化曲线

同时在隐藏层方面也做了不少的调整，增加了隐藏层的神经学习处理单元的个数，并且尝试加入 AlphaDropout 层来优化学习效果，通过增加批处理大小，同时调整 batch_size 的大小，最后得出一个理论上比较可行的数据。如图 2-16 所示，损失函数降低到了 0.1 以下。

（2）模型输出的处理

由于所构建的时空数据模型的输入是经过归一化处理的数据，均在 0~1 之间，所以时空数据模型预测之后的输出数据还是 0~1 之间的数据。因此，还需要对时空数据模型的输出进行反归一化处理，把 0~1 之间的数按照原来归一化处理时的比例进行数据复原。

在 2.5.2 小节中，在时空数据模型数据的输入预处理时使用了第三方开源包 sklearn.preprocessing 下 MinMaxScaler（）函数来进行归一化处理。同时这个归一化 MinMaxScaler（）函数下还有 inverse_transform（）子函数，可用来进行反归一化的处理。如果原来一开始的归一化处理是通过 mm_y = MinMaxScaler ( ) 来进行的，那么需要记住 mm_y 这个对象，在反归一化处理的时候就可以通过 y_train_predict = mm_y.inverse_transform（）来对数据进行还原，当然还原是会存在一定误差的。

（3）模型验证

取数据集中划分的最后一年的数据作为测试集来验证所训练出来的模型，经过对比 PM2.5 的真实值与预测值，发现走势在一定程度上跟随了测试集的变化趋势，这也就说明了模型在一定的理论上是可以用的。图 2-17 为预测与真实的 PM2.5 变化曲线，其中横坐标单位是天，纵坐标单位是微克每立方米。

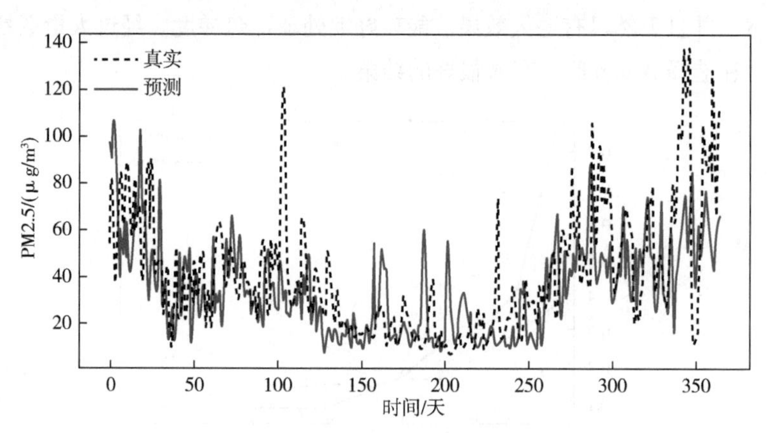

图2-17 预测与真实的PM2.5变化曲线

当然一个模型的好坏不能只看一个指标，所以又经过对比温度的真实与预测值，如图 2-18 所示，发现走势在一定程度上还是跟随了测试集的变化趋势，这就能够进一步说明模型在一定的理论上是可以用的。

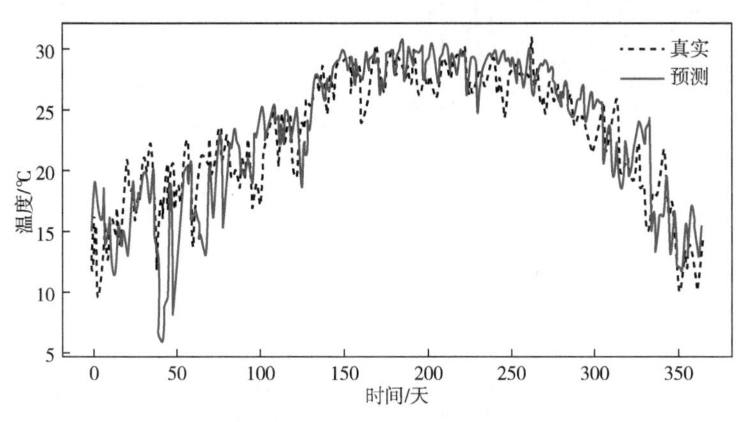

图2-18　预测与真实的温度变化曲线

为了更能说明时空数据模型的可行性，于是开始对其他的时空数据指标进行了逐一对比。

图 2-19 是预测与真实的 CO 变化曲线，看得出来，一年 365 天，变化趋势有时候预测得比较准，有时候又有较大的误差。所以构建的时空数据模型还有很大的提升空间，值得以后深入改进优化。

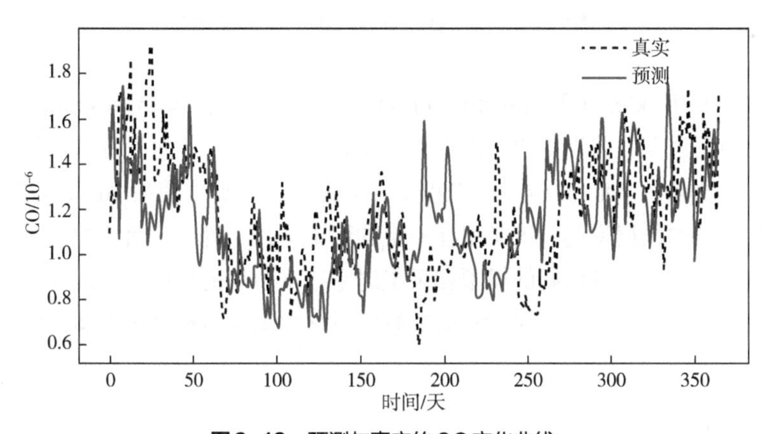

图2-19　预测与真实的CO变化曲线

图 2-20 是预测与真实的 NO 变化曲线，图 2-21 为预测与真实的空气相对湿度变化曲线。

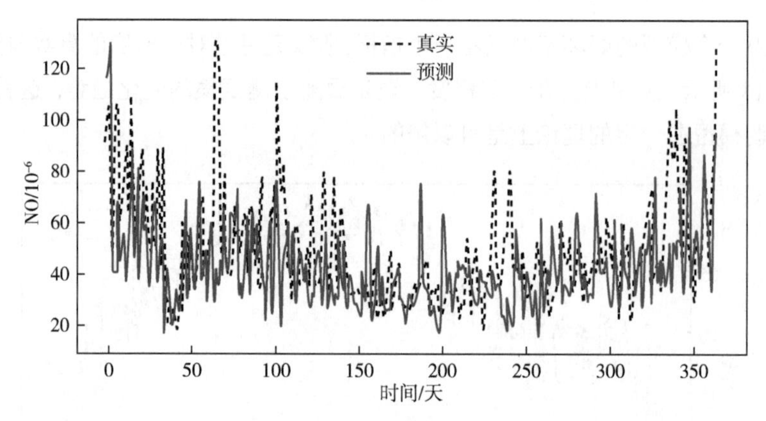

图2-20 预测与真实的NO变化曲线

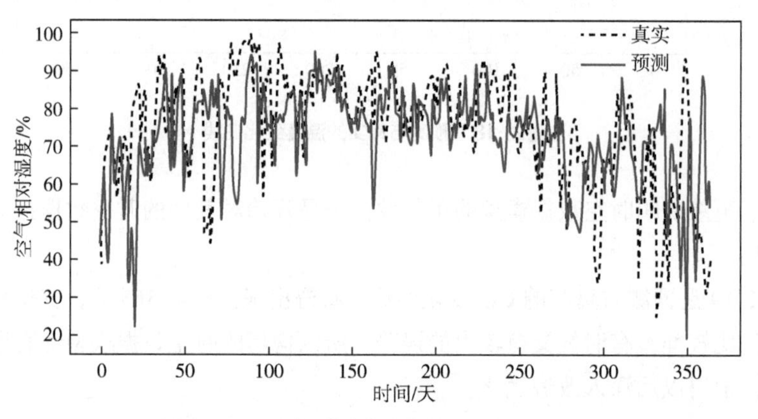

图2-21 预测与真实的空气相对湿度变化曲线

同时，使用 sklearn 下的 metrics.mean_square_error 和 mean_absolute_error 来检验模型的预测误差，将训练集的数据和测试集的数据进行比对，经过计算得知平均绝对误差为 5.48%，而均方差为 6.79%，平均绝对百分比误差在 16.24% 左右。以上的实验和验证的数据说明，该模型在一定的理论上是正确的、可行的。

最后，只需要将训练好的模型和采集时空数据模块的程序，安装在具备运行环境的智慧农机之中，就可以在真实的智慧农机之中测试该模型的现实可行性。

2.6 本章小结

本章从需求分析开始，逐步去构建智慧农机时空数据的采集模块，解决了访问资源限制的问题，通过多线程实现同时多数据下载，最后保存所采集到的时空数据，顺利完成了模型采集的模块。

然后去学习深度卷积神经记忆网络模型，再逐步构建出模型雏形，最后训练优化参数调节，使得模型的训练误差从开始的不降反升到逐步下降，这些过程确实需要很多知识才能够去调节。

本章研究内容提出的智慧农机时空数据采集模型，包括采集和预测两部分，预测模型是基于深度卷积神经记忆网络来构造的，它相较于目前主流的卷积神经网络有所不同：一是针对真实时空大数据；二是结合卷积神经网络和长短期记忆网络这两种不同的神经网络，并且实践的结果表明理论上是可行的。

根据模型预测与评估结果，本章所提出的模型具有非常现实的探讨价值。

CHAPTER 3

第3章 农业物联网中的数据提取模型

本章旨在研究农业物联网中的数据理解与数据提取技术，构建数据提取技术模型框架。该模型框架主要分为数据提取与数据预处理两部分。重点是在数据预处理部分，该部分有三个步骤，分别应用了*K*近邻算法（KNN算法）、标准化处理以及主成分分析算法（PCA算法）等数据挖掘的相关算法。该模型框架对KNN算法进行了优化，提高其评估数据的能力，并且本章对于数据预处理的研究，能够为后续的数据分析打下良好的基础，为数据分析提供实用性与适用性较强的参考。

3.1 概述

农业物联网中的数据处理主要分为数据收集、数据预处理、数据处理与分析以及数据可视化应用四部分。本章主要研究的就是数据预处理部分的相关技术问题。农业物联网中的数据一般都为数值型的数据，即结构化数据。同时也不缺少如图、文件等非结构化数据和JSON文件这样的半结构化数据。因此，针对不同类型的数据如何进行提取也是本章研究的一方面。

本章首先是相关基础理论概述与分析，包括从多方面介绍数据的类型；介绍不同数据类型的提取技术；介绍数据预处理所应用到的相关算法和定义。

其次是对数据理解与提取技术的模型构建。包括根据三种不同的数据类型构建出不同的数据提取框架；利用*K*近邻算法（KNN算法）来对数据中的缺失值和异常值进行处理；通过最小值-最大值标准化和零-均值标准化来对数据进行变换处理；在主成分分析算法（PCA算法）的基础上对数据的特征进行降维选择处理。

然后是对农业物联网中数据理解与提取技术进行实例分析。包括介绍相关的实验环境；介绍实验分析中应用到的数据集合；对数据进行提取操作；对实验数据进行预处理。

最后是总结，对本章中实验结果进行理解与分析；也对本章内容进行展望，在分析和展望的同时提出了存在的不足以及未来的研究目标与方向。

3.2 数据提取与预处理技术

数据结构的类型可以从很多方面来划分。从是否有序的层面，数据结构分为：结构化数据、非结构化数据以及半结构化数据。

（1）结构化数据

结构化数据是根据二维表的结构来实现和表达的数据，主要存储于关系型数据库之中。对数据进行结构化标记可以使网站能够更好地在搜索中展现出网页里丰富多彩的摘要。同时，为了给予用户更好的上网体验，搜索引擎均支持对数据进行标准的结构化标记。并且，数据的结构化标记可以提供给用户详尽的摘要信息，方便用户判别网站是否与搜索内容相关。结构化数据的标记方式分为 HTML 代码标记和微数据标记。HTML 代码标记的方式主要分为 3 种：微格式、微数据和 RDFa；微数据标记的两种代码格式分别为 data-vocabulary 和 schema，其中，schema 是主流的微数据标记。

（2）非结构化数据

非结构化数据是指一些没有完整或一定规则的数据结构、没有预定义的数据模型以及不能用数据库的二维逻辑来表示的数据。其中包括 HTML、文本和图片以及 Office 中的 Word 文档和 Excel 表格等。非结构化的数据格式和标准都非常繁杂多样，并且在技术层面上也非常难以理解和标准化。所以，只有智能化的 IT 技术才能够对非结构化数据进行存储、检索、发布以及利用。

（3）半结构化数据

半结构化数据有一定的结构性，但是它的结构变化非常大。正因如此，半结构化数据在处理的过程中不能如结构化数据一样直接进行数据提取，同时也不能像非结构化数据一样进行分析。在半结构化数据中，XML 文件和 JSON 文件是常见的半结构化数据类型。

从逻辑关系层面上数据结构可以分为：集合结构数据、线性结构数据、树形结构数据以及图形（网状）结构数据。

（1）集合结构数据

集合结构数据就是将具有相同属性的数据存储在一个集合中，如一个学校的学生。集合结构的数据之间并没有固定的关系，因此数据之间也没有存储关系。

（2）线性结构数据

线性结构数据是一个具有有序数据元素的集合，线性结构数据的数据元素之间存在着“一对一”的线性关系，如学生和学号之间的关系。线性结构主要分为线性表、栈、队列、数组和串。其中最为常用的线性结构为线性表。

（3）树形结构数据

树形结构数据属于非线性数据结构的一种。树形结构数据可以存在“一对多”的关系，如人类族谱。

（4）图形（网状）结构数据

图形（网状）结构数据也属于非线性数据结构的一种。图形（网状）结构数据可以是“多对多”的关系，甚至两个数据元素之间可以有多种联系，如学生和课程这两种数据。

3.2.1 数据提取技术

（1）JSON 技术和 XML 技术

JSON 是一种标记符的序列，其结构层次清晰、易读、易于编写，也有利于机器解析和生成 JSON 数据。标记符中包含了 6 个构造字符、字符串和数字以及 3 个字面名。JSON 可以表示任何支持的类型，如数字、字符串、数组等。相较于数字这样的数值类型，JSON 最为常用的就是对象和数组这两种特殊类型。

JSON 中的对象是由大括号{}括起来的内容，是一个无序的“‘名称/值’对”集合。在每个“名称”后都会有一个冒号“:”，“‘名称/值’对”之间用逗号“,”来分割。例如{“first”: “Hello”, “second”: “World”}。

JSON 表示数组与普通的 JS 数组相同，用中括号[]来表示。在一个数组中可以有多个变量，每个变量都用双引号“”引起来，在变量后加冒号:引出变量的值。值是通过中括号[]来括起来，在其中添加“‘名称/值’对”这种组合。值可以为多个，每一个都表示一个变量的记录，其中包含着变量的属性。如：{“word”: [{“first”: “Hello”, “second”: “World”}, {“first”: “Hello”, “second”: “JSON”}]}。

XML 是一种用来标记文件的可扩展性标记语言。XML 是由 XML 元素所组成的，每一个 XML 元素都包括一个开始标记< >和一个结束标记</>以及标记之间的内容。例如：<word><first>Hello</first><second>World</second></word>

下面对 JSON 技术与 XML 技术进行简单的对比。

JSON:

```
{“first”: “Hello”,
 “second”:“World”
 }
```

XML:

```
<xml>
    <first>Hello</first>
    <second>World</second>
</xml>
```

在编码与解码难度方面，JSON 相较于 XML 来说要简单得多。对于 Web 前端方面更多的是应用 JSON 来解决问题，但对于后台方面更多的是利用 XML 来解决问题。

（2）Python-docx 库

Python-docx 库是 Python 语言对 Office 中的 Word 文档进行生成和修改的模块，在 Python 中是一个非常实用的库。Python-docx 库常应用于编写 Word 文档以及对 Word 文档中的数据进行提取。

（3）正则表达式

由文献可知，正则表达式本质上是一种逻辑公式，在非结构化数据的 HTML 页面提取中往往充当着重要的角色。正则表达式的语法分类规则如下。

① 行定位符（^和$）。用来描述字符串的边界，“^”表示字符的开始，“$”表示字符的结尾。

② 单词定界符（\B，\b）。单词定界符\b 表示查找的字符串为完整的单词。

③ 字符类（[]）。正则表达式是要区分大小写的，若要忽略大小写就可以使用方括号“[]”。但是一个方括号仅可以匹配一个字符，如：[Hi]。

④ 选择字符（|）。可以理解成数学中的“或”，如：“H|h”表示匹配 H 或 h 都可以，并且选择字符可以匹配任意长度的字符串。

⑤ 连字符（-）。由于变量名的首字符只能是字母或者下划线，所以在用正则表达式匹配变量名的首字符时需要写较长的匹配段，但是通过连字符可以解决这个问题。如：[a-z]表示匹配 a~z 的字母。

⑥ 排除字符（[^]）。匹配不符合命名规则的变量，如：[^a-z]表示的含义为：匹

配的字符可以不是 a~z。

⑦ 限定符（*、+、？、{m}、{n}、{m，n}）。对于重复的字符，可以通过限定符来实现匹配。6 种限定符的使用说明如表 3-1 所示。

表3-1　6种限定符的使用说明

字符	含义	举例	说明
*	匹配前一个字符 0 次或无限次	abc*	abccc
+	匹配前一个字符 1 次或无限次	abc+	abcc
?	匹配前一个字符 0 次或 1 次	abc?	abc
{m}	匹配前一个字符 m 次	ab{2}c	abbc
{n，}	匹配前一个字符至少 n 次	abc{2}	abcc
{m，n}	匹配前一个字符 m~n 次	ab{1，2}c	abbc

⑧ 点号字符（.）。表示可以匹配除去换行符之外的任意一个字符。如：^h.表示匹配开头为 h 的两个字符的字符串。

⑨ 转义字符（\）。可以将有特殊意义的字符转化为普通的字符。如"\^"表示将开头字符转化为普通字符"^"。

⑩ 反斜线（\）。除去转义字符外，反斜线的其他功能如表 3-2 所示。

表3-2　反斜线的功能

字符	含义	举例	说明
\d	数字：[0-9]	a\dc	a1c
\D	非数字：[^\d]	a\Dc	abc
\s	空白字符：[<空格>\t\r\n\f\v]	a\sc	a c
\S	非空白字符：[^\S]	a\Sc	abc
\w	单词字符：[A-Za-z0-9_]	a\wc	abc
\W	非单词字符：[^\W]	a\Wc	a c

⑪ 括号字符（()）。小括号字符共有两个作用。一个是可以改变限定符的作用范围，如 h（i|ello）表示匹配 hi 或者 hello；另一个作用是分组，如（\.[0-9]{1，3}{3}）表示对分组（\.[0-9]{1，3}）进行重复操作。

3.2.2　数据预处理技术

数据预处理的主要步骤分为：数据清洗、数据变换、数据集成和数据归约。数据集成主要应用在具体数据的集合中，因此本章的数据预处理中不涉及数据集成方面。

（1）scikit-learn

scikit-learn 简称为 sklearn，它是 Python 语言中应用于各种分类、回归以及聚类算法的学习库。其中包括 KNN 算法、DBSCAN 聚类算法、PCA 算法以及随机森林等相关算法，常与 Python 编程语言中的 Numpy 和 Scipy 库联合使用。

（2）数据清洗

数据清洗是数据预处理的第一步。数据清洗主要包括缺失值的处理、异常数据的处理、重复数据的处理。

① 缺失值的处理主要有两种方式：第一种是针对庞大的数据群可以选择忽略缺失值；第二种是通过可能值对数据进行填补。

② 异常数据的处理主要有四种方式：第一种是直接将异常数据进行删除；第二种是将异常数据看成缺失值处理；第三种是利用平均值来推测异常数据，常用在数据量不是很大的情况下；第四种是通过盖帽法来对异常数据进行处理。

③ 对于重复数据往往只需要将其删除即可。

（3）数据变换

数据变换主要作用是针对模型将数据转换为相应的数值，从而达到对数据进行规范化的目的。数据变换的四种常用方法如下。

① 数据平滑。删除数据中的异常值，将连续的数据进行离散化处理。

② 数据聚集。数据聚集是指对数据进行汇总。常用方法为最大值、最小值处理和数据加和处理等。

③ 数据规范化。数据规范化是指将数据的特征值进行比例缩放，将原来的数据映射到特定区域。常用的规范化的方法有：min-max 规范化和 z-score 规范化。

④ 特征值构造。特征值构造是指将新的特征值添加到特征值的集合中。利用特征工程，将特征值连接起来构造新的属性。

在数据变换中常用的方式为数据规范化处理，本章在数据变换方面使用的是数据规范化方法。

（4）数据归约

数据归约是指最大限度地精简数据量。数据归约总共有三类，分别是：特征选取、实例选取、离散化。具体介绍如下。

① 特征选取。特征选取一般是基于数据维度方面，筛选出与样本无关的或者重复的属性并将其删除，最后留下与数据样本最为贴近的数据集合。

② 实例选取。实例选取主要是选取出数据样本的实例子集，通常通过随机选取的方式来防止在大量数据中的过拟合现象。

③ 离散化。离散化是指将样本中的连续属性数据转换为离散化属性数据。

3.3 模型构建

3.3.1 数据提取模型构建

本章旨在构建一个针对农业物联网数据的理解与提取技术模型，用来解决数据的处理等相关问题。数据理解与数据提取技术模型首先对原数据进行提取，判断原数据是哪种结构类型，若是非结构化数据需要将其转化为结构化数据或半结构化数据；其次将数据进行提取并导入 Python 中，便于数据的预处理；再次利用优化后的 KNN 算法对缺失值进行插补处理，紧接着利用 DBSCAN 算法对异常值进行检测，将异常值删除并利用缺失值的处理方法对异常值进行插补；然后利用 min-max 标准化和 z-score 标准化方法对数据进行标准化处理；最后通过 PCA 算法筛除与样本数据本身特征无关的属性。该模型的框架如图 3-1 所示。

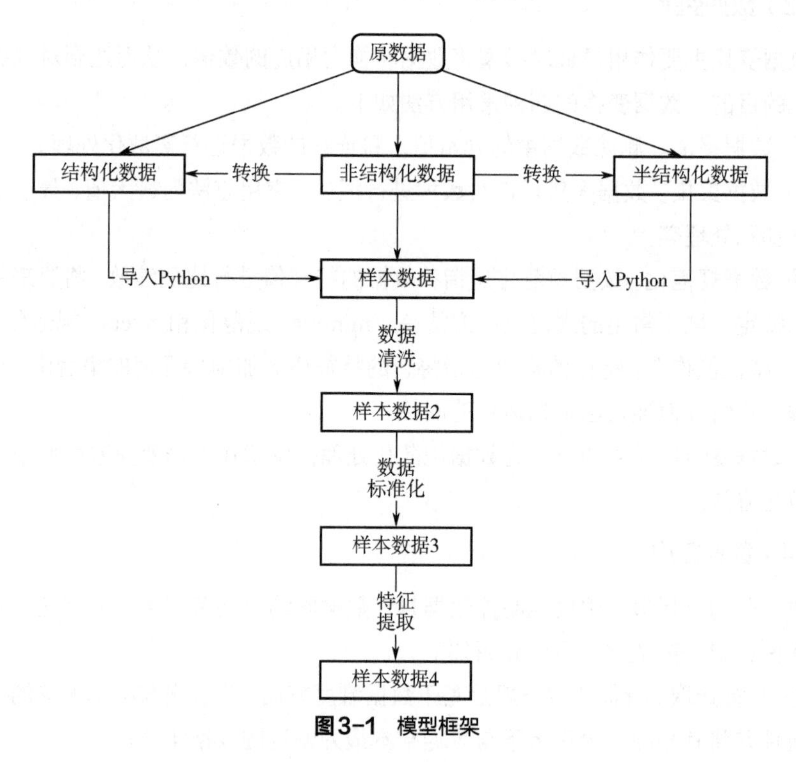

图3-1 模型框架

（1）结构化数据提取流程

结构化数据的结构十分规范，一般存在于关系型数据库中。大部分数据库中的数据可以导出成 Excel 表格形式，尽管 Excel 表格属于非结构化数据，但是在 Excel 表格中的数据都有着一定的规律和结构，因此 Excel 表格可以直接类比于结构化数据。结构化数据都是由数据元素组成的，而数据元素由多个数据项组成，每个数据元素都有着相同的结构，因此，直接通过提取便可以得到数据。

（2）半结构化数据提取流程

半结构化数据大部分都存在于 JSON 和 XML 文件中。Python 语言中含有 JSON 文件和 XML 文件的提取模块，所以可以利用 Python 语言直接对 JSON 文件和 XML 文件进行数据提取，下面是提取步骤。

JSON 文件的数据提取步骤:

① 引入 Python 中的 JSON 组件;

② 读取 JSON 文件;

③ 通过 json.dumps（）方法将数据类型转换为字符串;

④ 通过 json.dump（）方法将数据转换为字符串存储在文件中;

⑤ 通过 json.loads（）方法将字符串转换为数据类型;

⑥ 根据样本属性对数据进行提取与处理。

XML 文件的数据提取步骤:

① 引入 Python 中的 xml.dom.minidom 组件;

② 利用组件中的 parse（）方法，读取 XML 组件，如：dom＝xml.dom.minidom.parse（‘data.xml’）;

③ 利用 dom.documentElement（）获取 XML 文档中的对象，如：root = dom.documentElement;

④ 利用 getElementsByTagName（）获取样本属性之间的数据;

⑤ 通过 XML 的其他对象对文件中的数据进行提取。

（3）非结构化数据提取流程

非结构化数据的提取总共分两步：第一步是将非结构化数据向半结构化数据进行转换；第二步是对转换之后的半结构化数据进行提取与分析。

针对不同的非结构化文件处理方法如下。

① 文本文件的 XML 化处理方法。文本文件常常用于记录信息。文本文件含有不同的格式，其常用的格式有*.txt、*.bat 等。这些格式都可以利用 Python 的各类模块来进行处理。

② Word 文档的 XML 化处理方法。在 Word 文档的转换中，主要用到 Python 编

程语言中的 Python-docx 库。该方法是用 Python-docx 库对 Word 文档的内容进行读取，读取后再根据 XML 的语法要求将转换后的数据写入 XML 文档中。

③ HTML 页面的 XML 化处理方法。HTML 页面是一种标记语言页面，通常用于网络的前端静态展示。HTML 文本结构十分复杂，由文献可知，对于 HTML 页面的提取可以利用 Python 中的 readability 模块来规范 HTML 的文本，然后将规范后的文本数据写入 XML 文档中，进而完成从 HTML 文本到 XML 文档的转换。

3.3.2 基于 KNN 算法的数据清洗

数据清洗过程不仅旨在减少数据量，还旨在减少噪声干扰。本章的数据清洗是在 KNN 算法的基础上对缺失值和异常值进行插补和处理。

（1）欧氏距离与马氏距离

在 K 近邻算法中就可以应用欧氏距离和马氏距离来计算缺失值和异常值的 K 个类别的距离。欧氏距离的具体计算公式如式（3-1）所示。

$$d(x,y)=\sqrt{\sum_{i=1}^{n}(x_i-y_i)^2} \tag{3-1}$$

马氏距离表示点和一个分布之间的距离，与欧氏距离不同的是，马氏距离考虑样本属性之间的联系，并且独立于测量尺度。所以，本章在 K 近邻算法中选用马氏距离来对数据样本集合进行处理。马氏距离的具体计算公式见式（3-2）。

$$D_{\mathrm{M}}(x,y)=\sqrt{(x-y)^{\mathrm{T}\Sigma^{-1}(x-y)}} \tag{3-2}$$

（2）KNN 算法优化

KNN 算法即 K 近邻算法，其主要的算法流程为：首先给定一个样本集合，然后对于一个未知数据通过欧氏距离或者马氏距离找出该数据的 K 个近邻数据，最后将这个样本归在与其近邻样本数据多的一类。

但是 KNN 算法对于样本间数据距离相近的数据集合处理的效果并不理想，针对这种情况需要对 KNN 算法进行优化和改进。因此，本书利用 Gaussian 函数来对样本的距离进行权重优化，也就是根据与样本数据之间的距离来对数据进行一定权重比例的变动，距离样本数据近的权重相应地提高，距离样本数据远的权重相应地降低，最后再取其加权平均值。

KNN 算法的流程如图 3-2 所示。

Guassian 函数也就是高斯函数，其形式为 $f(x)=a\mathrm{e}^{-(x-b)^2/2c^2}$，其中 a、b 与 c 为实数常数，且 a>0。高斯函数的参数 a 表示高斯曲线的峰值，b 表示其横坐标，c 表示其标准差，控制着高斯函数图像的高度。高斯函数的权重分配如图 3-3 所示。

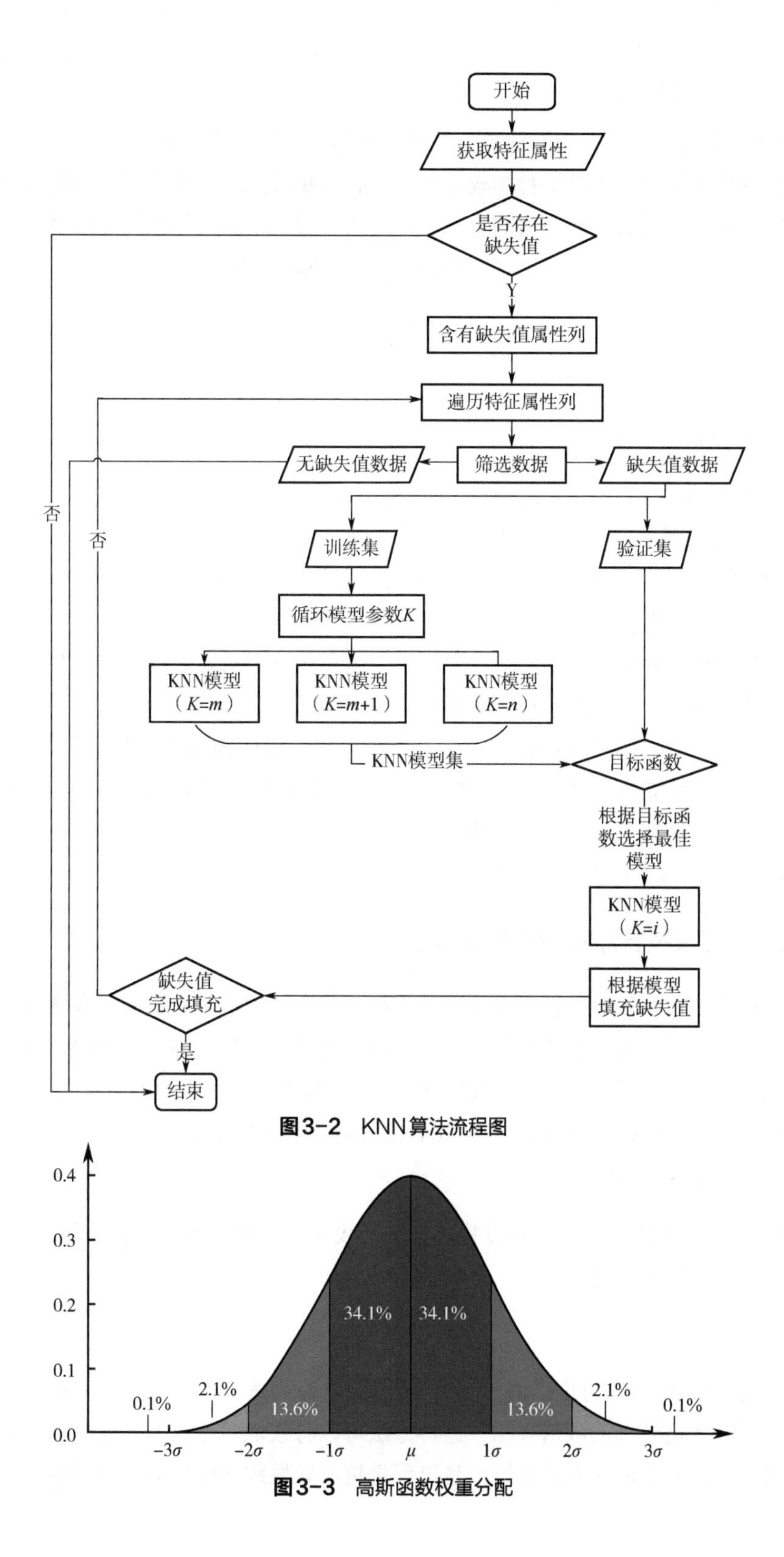

图3-2　KNN算法流程图

图3-3　高斯函数权重分配

（3）缺失值处理

KNN 算法在理论上较为成熟，是最简单的机器学习算法之一。本章利用 KNN 算法将缺失值周围的数据进行加权处理，然后再赋值。由于 K 个近邻数据与缺失值的距离不同，因此对于缺失值的影响也不相同。因此利用近邻数据加权平均值作为缺失值数据效果较直接使用更好。KNN 算法填补缺失值的计算公式见式（3-3）。

$$x_{ik}^{m}=\sum_{j=1}^{K}\frac{D_{ij}^{-1}}{\sum_{v=1}^{K}D_{iv}^{-1}} \tag{3-3}$$

（4）异常值处理

对于样本中的异常值需要先进行检测之后才能够进行处理。本章是利用 DBSCAN 聚类算法来对样本数据中异常值进行检测处理。

DBSCAN 算法是根据密度可达关系来导出数据中最大密度相连的样本集合，即聚类的簇，簇中有多个核心对象。若簇中只有一个核心对象，那么理论上样本数据都应在这个核心对象的 ε-邻域内；若簇中包含多个核心对象，那么样本数据应该在这些核心对象的 ε-邻域内，这个集合叫作聚类簇。

根据 DBSCAN 算法的特点，将不在核心对象邻域内的数据视为异常值。在检测出异常值后，就需要将异常值进行删除，然后利用优化后的 K 近邻算法计算出最接近的估计值，然后对异常值进行插补。

DBSCAN 算法流程如图 3-4 所示。

3.3.3 基于数据规范化的变换处理

数据规范化是处理数据变换的一种方法，主要目的是解决数据样本属性的数值差距过大的问题。为了解决数据之间差距过大的问题，需要通过数据的标准化将数据缩放在一定的范围内，然后对数据进行分析。数据规范化常用的方法有最小值-最大值规范化和零-均值规范化。数据规范化示例如图 3-5 所示。

（1）min-max 规范化

最小值-最大值规范化是通过将数据进行线性变换映射到[0，1]之间的一种数据变换方法。它的转换公式如式（3-4）所示。

$$x^{*}=\frac{x-\min}{\max-\min} \tag{3-4}$$

通过原数据（x）与最小值（min）相减除以最大值（max）与最小值（min）相减而得到规范化处理的数值（x^{*}）。这种方法可以有效地消除数据属性间取值范围过大的问题。这种规范化方法的缺点也显而易见，如果数据属性样本中没有最大值和

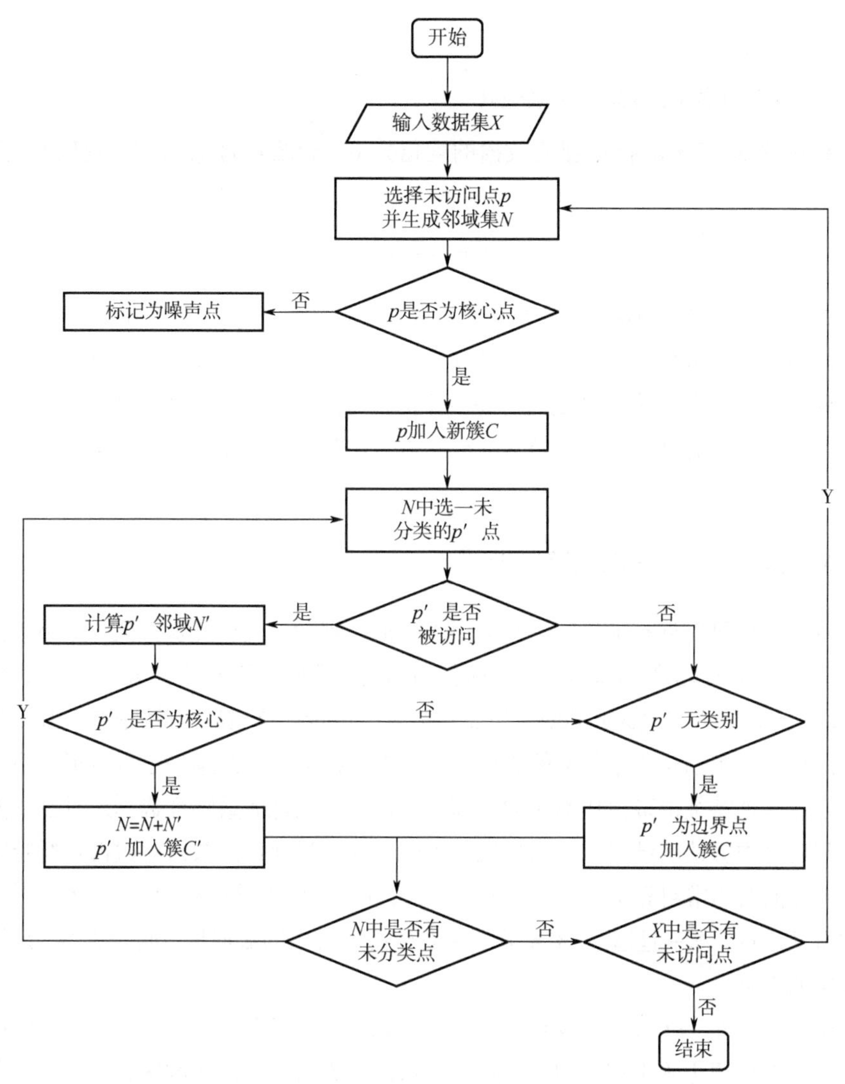

图3-4 DBSCAN算法流程图

```
array([[ 1.77627019,  1.07177485,  1.07286153,  2.44187238,  1.41325959],
       [-0.57155716, -0.96154118, -1.33383931, -1.0615514 , -0.54684159],
       [ 2.27516943,  1.75450317,  1.3380702 ,  1.84148602,  3.33389085],
       ...,
       [-0.54901365, -0.43028874, -0.16842793, -0.49652684, -0.54684159],
       [-0.31988835,  0.41964416,  0.78859343,  0.86716047, -0.2866393 ],
       [-0.57155716, -0.96154118, -1.33383931, -1.0615514 , -0.54684159]])
```

图3-5 数据规范化示例

最小值，那么该规范化处理将不能够使用；同时，若数据中存在与其他数据的数值差异较大的情况，那么规范化之后的数值将趋近于0，不能够达到规范化处理的标准。

（2）零-均值（z-score）规范化

经过零-均值规范化处理的数据的均值为 0，标准差为 1。它的转换公式见式（3-5）。

$$x^* = \frac{x - \bar{x}}{\sigma} \tag{3-5}$$

式中，$\bar{x}$ 是数据均值；σ 是数据标准差。与最小值-最大值规范化相同，零-均值规范化的目的也是解决数据之间差异过大的问题。它的主要优点是简单、易于应用和计算。与最小值-最大值规范化的缺点相同，均值和标准差通常在真实的数据分析中不存在，只能通过计算得出样本的标准差和均值来进行规范化，这样会存在一定微小的误差。

3.3.4 基于 PCA 算法的特征选择

特征选择可以从高维数据中提取相关特征，剔除无关和冗余特征，减小数据维度，缩短数据处理和模型训练的时间。特征选择有三种方式，分别为：封装式（wrapper）、嵌入式（embedder）以及过滤式（filter）。封装式方法是结合某种特征选择的算法来判别样本中数据的重要性，根据算法的分类结果来进行特征提取；嵌入式方法是把特征提取当作算法的一部分，使其自动地完成特征选择；过滤式方法是不利用分类算法的结果来对数据进行评估，仅通过评价函数来对数据进行特征提取。特征提取的常用算法有主成分分析（PCA）、线性判别分析（LDA）等。对于数据的特征选择，本章是通过 PCA 算法来对数据集合中的数据进行特征提取，用以降低数据的维度。

由文献可知，PCA 是一种统计方法，可以应用于矩阵压缩，在降低矩阵维度的同时，可以保留矩阵中存在的主要特征，从而大大节省空间和数据量。主成分分析是利用线性变换把数据划分到新的坐标中，然后计算方差，将方差进行排序，将最大的方差投影到第一个坐标上，第二个投影在第二个坐标上，以此类推。主成分分析虽然降低了数据样本集的维度，但是它也保持着样本的主要特征。PCA 数据降维的示例如图 3-6 所示。

PCA 算法的具体公式推导如下。

首先将数据集设置为原始变量 x_1，x_2，x_3，…，x_p，那么原始变量的 n 次观测数据为 p 列 n 行的矩阵；其次将数据进行中心规范化的处理；再次利用式（3-6）~式（3-8）中的公式求得相关系数矩阵 $\boldsymbol{R}$，并且求出 $\boldsymbol{R}$ 的特征根：

$$\boldsymbol{R} = \left(\boldsymbol{r}_{ij}\right)_{p \times p} \tag{3-6}$$

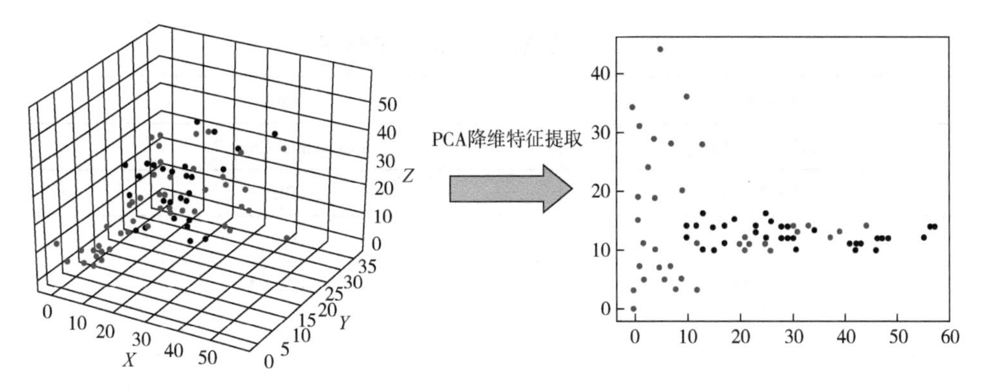

图3-6　PCA数据降维示例

$$r_{ij}=\frac{\sum_{k=1}^{n}\left(x_{ki}-\bar{x}\right)\left(x_{kj}-\bar{x}\right)}{\sqrt{\sum_{k=1}^{n}\left(x_{ki}-\bar{x}\right)^{2}\sum_{k=1}^{n}\left(x_{kj}-\bar{x}\right)^{2}}} \tag{3-7}$$

$$r_{ij}=r_{ji}, r_{ii}=1 \tag{3-8}$$

紧接着确定主成分的个数 m, 同时结合公式（3-9）求出 σ 的范围；

$$\frac{\sum_{i=1}^{m}\lambda_i}{\sum_{i=1}^{p}\lambda_i}\geqslant\sigma \tag{3-9}$$

然后通过如式（3-10）所示的公式计算 p 个响应的单位特征向量；

$$\boldsymbol{\beta}_i=\left[\boldsymbol{\beta}_{1i},\boldsymbol{\beta}_{2i},\cdots,\boldsymbol{\beta}_{pi}\right] \tag{3-10}$$

最后通过式（3-11）计算主成分分析结果。

$$Z_i=\boldsymbol{\beta}_{1i}X_1+\boldsymbol{\beta}_{2i}X_2+\cdots+\boldsymbol{\beta}_{pi}X_p \tag{3-11}$$

PCA 算法的流程如图 3-7 所示。

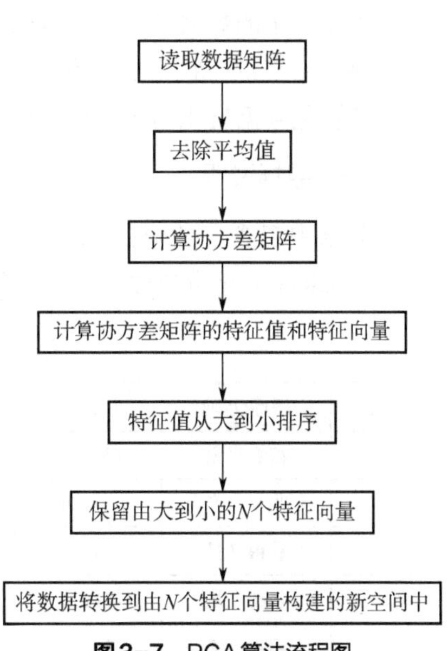

图3-7　PCA算法流程图

3.4　模型实现与结果分析

3.4.1　实验环境

数据理解与提取算法实验软硬件运行环境如表 3-3 所示。

表3-3 实验软硬件运行环境概况表

环境名称	环境参数
中央处理器（CPU）	6-Core Intel Core i7
处理器主频	2.6GHz
内存	16GB
操作系统	Windows 7
Python 版本	3.7.3
PyCharm 版本	1.15.0

3.4.2 数据集

（1）数据集主要构成

本章使用的数据来源总共有两个，分别是国家统计局年度数据中近20年的主要农作物产品产量、农业相关的经纬度数据。第一个数据属于非结构化数据，需要先将非结构化数据转化为结构化数据，然后再对数据进行提取。

（2）数据说明

数据中包含了40种粮食从2016~2020年的产量信息。样本数据的属性是从2016~2020年的年份属性。样本的数据格式见表3-4。

表3-4 样本的数据格式

ID	指标/万吨	2020年	2019年	2018年	2017年	2016年
1	粮食产量	66949.2	66384	65789.22	66160.73	66043.51
2	夏收粮食产量	14286	14160	13881.02	14174.46	14050.16
3	秋粮产量	49934	49597	49049.18	48999.1	48890.78
4	谷物产量	61674	61370	61003.58	61520.54	61666.53
5	稻谷产量	21186	20961	21212.9	21267.59	21109.42
6	早稻产量	2729	2627	2859.02	2987.16	3102.57
7	中稻产量	—	—	15212.37	14957.28	14638.86
8	双季晚稻产量	—	—	3141.52	3323.15	3367.99
9	小麦产量	13425	13360	13144.05	13424.13	13318.83
10	冬小麦产量	—	—	12500.52	12794.09	12660.84
11	春小麦产量	—	—	643.53	630.04	657.99
12	玉米产量	26067	26078	25717.39	25907.07	26361.31

3.4.3　数据提取分析

通过对数据的观察分析，可以得出该数据是非结构化数据，不能直接进行数据预处理，所以需要将原数据转换为结构化数据，然后进行具体的数据预处理操作。具体流程如图 3-8 所示。

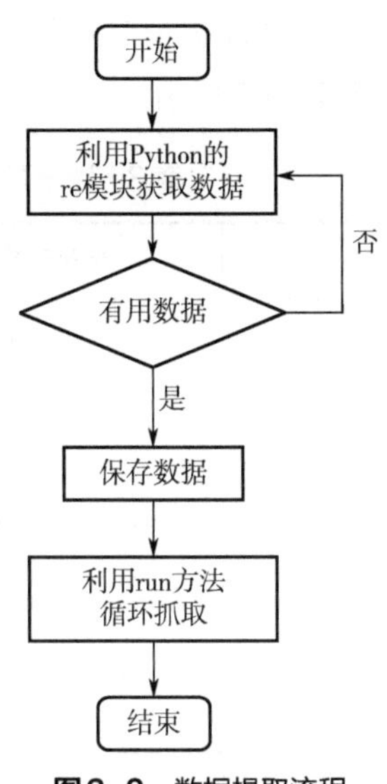

图3-8　数据提取流程

3.4.4　实验结果与分析

（1）缺失值预测与分析

缺失值插补是在 KNN 算法的基础上进行的，KNN 算法包含一些参数，其主要参数如表 3-5 所示。

表3-5　KNN算法主要参数

参数	含义
n_neighbors	KNN 算法中的 K 值
weights	标识样本的权重
algorithm	限定半径时用到的算法
metric_params	距离度量的方法
n_jobs	并行处理的任务数
outlier_label	标记异常点类别

通过对样本数据进行描述，检测出数据中有缺失值需要进行评估预测。其属性中数据缺失值具体数量如表 3-6 所示。

表3-6　数据缺失值统计

年份	缺失值数目
2020 年	17
2019 年	17
2018~2002 年	0
2001 年	4

利用数据中的缺失值来对优化后的 KNN 算法与未优化的 KNN 算法的准确率进行比较，如表 3-7 所示。

表 3-7　KNN 算法优化前后的准确率比较

参数 K	优化后的 KNN 算法	未优化的 KNN 算法
K=1	94.52%	88.83%
K=3	95.75%	89.84%
K=5	96.95%	96.63%
K=7	96.46%	96.13%
K=9	96.68%	93.52%
K=11	95.29%	92.13%
K=13	96.15%	92.80%

由表 3-7 可以看出，随着 K 值的不断变化，KNN 算法的准确率也在不断变化。参数 K 的数值在 5 之前的准确率不断地上升，等于 5 的时候达到峰值，随后下降。总的来说，优化后的 KNN 算法较未优化的 KNN 算法的准确率要高，相对来说也更加稳定。

（2）异常值预测与分析

对于异常值的处理，首先要对数据中的异常值进行检测，利用 DBSCAN 算法对每个样本进行聚类，DBSCAN 算法的主要参数如表 3-8 所示。根据聚类图找出异常值并进行删除，然后通过缺失值处理的方法对数据进行评估，得出估计后的数值，其聚类示例结果如图 3-9 所示。

表 3-8　DBSCAN 算法的主要参数

参数	含义
半径（Eps）	表示以给定点 p 为中心的邻域的范围
最少数量（MinPts）	表示以 p 为中心的邻域最少点的数量

从图中可以看出，示例中的数据包含了三个异常值，其异常值数据如表 3-9 所示。通过描述异常值查询出异常值在样本数据中的位置，然后将异常值删除，再通过缺失值处理方法对样本数据进行插补。

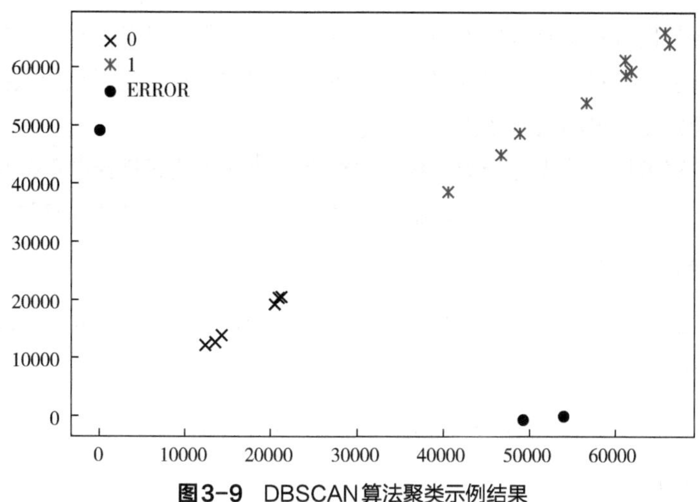

图3-9 DBSCAN算法聚类示例结果

表3-9 异常值数据

异常值数据/万吨	位置
245.5	(早稻产量，2014)
10.25	(小麦产量，2011)
20.92	(小麦产量，2005)

(3)数据规范化结果与分析

填补数据的缺失值和异常值之后，需要将数据规范化，本实验利用两种规范化方式来对数据进行规范化并比对，即最小值-最大值规范化和零-均值规范化。其规范化结果如图 3-10、图 3-11 所示。

```
[[ 0.29631498  0.29432673  0.18681422  0.19977196  0.19390314  0.19529573
   0.19316179  0.17637102  0.18924158  0.19618533  0.21726682  0.24846446
   0.2446956   0.26976212  0.2870244   0.23516233  0.21791431  0.25909006
   0.22072226  0.25951199]
```

图3-10 min-max规范化

```
[[2.31637319e-01 2.30731628e-01 2.27192300e-01 2.29951464e-01
  2.27495940e-01 2.27462442e-01 2.27726056e-01 2.23322686e-01
  2.28120438e-01 2.31409562e-01 2.38039910e-01 2.46893715e-01
  2.46491446e-01 2.52662164e-01 2.57851380e-01 2.48113273e-01
  2.45193082e-01 2.56825153e-01 2.47054725e-01 2.56591659e-01]
```

图3-11 z-score标准化

两种规范化方式均有其缺点，最小值-最大值规范化适用于样本中不存在极大值或极小值的情况；零-均值规范化的结果没有实际意义，只适用于比较数据，故在两种算法中优先使用最小值-最大值规范化。

通过对实验结果的描述分析，数据清洗之后的样本数据集合中不存在极大或极小的数据，故本实验使用的是最小值-最大值规范化方式来对数据进行规范化处理。

（4）特征选择结果与分析

本实验通过 PCA 算法来对数据的特征进行提取，其在 sklearn 库中的主要参数如表 3-10 所示。

表3-10　PCA算法在sklearn库中的主要参数

参数	含义
n_components	主成分个数
copy	是否复制原始数据
whiten	数据白化

通过使用 MLE 算法让 PCA 自动选择主成分个数，得出主成分个数为 11 个，降维后的数据如图 3-12 所示。根据主成分个数 PCA 算法得出特征对数据的方差贡献率和方差值如图 3-13、图 3-14 所示，可以通过方差贡献率和方差值画出方差贡献率或方差值的图，以便于观察 PCA 降维的最佳值。

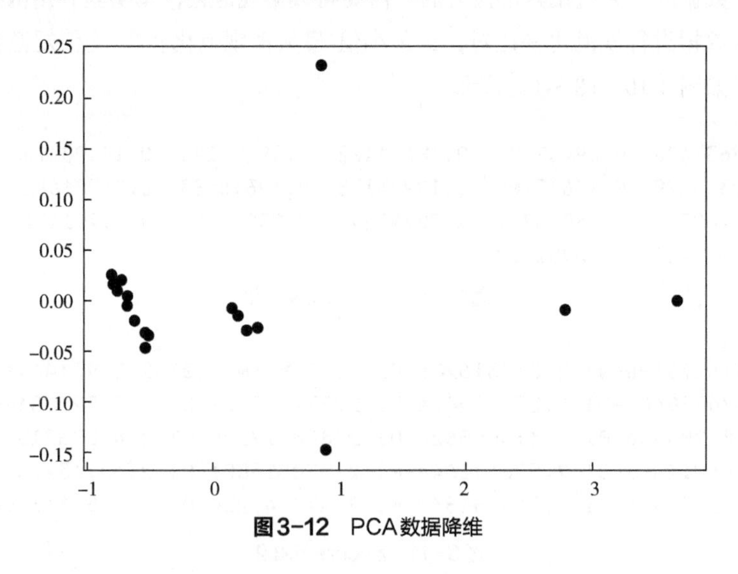

图3-12　PCA数据降维

```
[9.96833261e-01 2.85963914e-03 1.69336696e-04 8.25073843e-05
 2.15499534e-05 1.65618774e-05 8.27989309e-06 4.62619968e-06
 1.92360918e-06 1.07924087e-06 7.52776746e-07]
```

图3-13　方差贡献率

```
[1.46962885e+00 4.21595902e-03 2.49652680e-04 1.21640436e-04
 3.17710439e-05 2.44171356e-05 1.22070262e-05 6.82039494e-06
 2.83597234e-06 1.59112219e-06 1.10981693e-06]
```

图3-14　方差值

3.5　本章小结

本章主要任务是实现不同数据类型的提取,并对提取后的数据进行理解预处理。采用的是 Python 编程语言,使用 PyCharm Community 开发工具完成。本章主要完成的内容包括以下几个方面:

① 不同数据类型的提取;

② 基于 K 近邻算法的数据清洗;

③ 利用规范化方法的数据变换;

④ 利用主成分分析算法的数据特征选择。

利用 KNN 的优化算法对数据进行清洗,相较于直接利用 KNN 算法本身,优化后的 KNN 算法能够提高缺失值处理的准确率;针对农业物联网中的多种数据类型都能够进行提取与预处理,预处理操作也相对简单方便,对实际使用是非常良好便捷的。智慧农机中不仅含有结构化类型的数据,半结构化数据以及非结构化数据也存在其中。因此,数据提取方面就需要全方位考虑问题,对半结构化数据和非结构化数据也需要进行相关的数据提取。

第4章 农业物联网中的冗余数据处理

在农业物联网中，采集到的海量数据往往会夹杂着许多的冗余数据，而其中的冗余数据将会给后续的数据使用带来负面的影响。可以将冗余数据分为两大类：一类是重复数据，另一类是无用数据。针对两种形态的冗余数据，本章研究如下：对于重复的数据，将使用布隆过滤器（Bloom Filter）来对数据进行冗余检测，并研究相关的问题；对于无效的数据，将使用朴素贝叶斯分类来区分数据的有效性，并研究相关问题。

4.1 概述

农业物联网中，传感器和RFID采集的数据通常是关于环境数据的监控、禽畜的健康和流通监测、农副加工产品流通监测等的信息。为了能够及时地定位和发现问题，对数据的采集实时性要求较高，而为了保证采集到的数据的实时性，通常会将传感器和RFID设备的采集频率设置得非常高，这导致了采集到的数据量会非常大，并且这些数据被采集后往往还要求存储记录，便于以后的查询和分析使用，因此，对如此海量的数据进行过滤，是必然的要求。不仅在农业物联网中，在各个领域内也同样面临着大数据中存在海量冗余数据的难题，如何能够快速高效地过滤掉无用的数据已成为人们面临的重大问题。

由于收集到的数据量过于庞大，而产生相应的一些问题，其中数据的冗余度较高则是主要方面，它会导致后续数据分析和机器学习的正确率下降，还会导致实时数据的分析处理性能下降。对于这些问题，人们迫切地希望能够有良好的解决方案，本章将对冗余数据的两种类型进行研究，并提出对应的解决方案。

4.2 数据预处理

在现实中，收集到的数据往往夹杂着一定量的脏数据，如果直接对所收集到的数据进行基于业务的数据分析，所得出的结果的正确性往往不能使人满意，所以在实际应用中，数据的预处理是不可或缺的一步。为了使处理和分析的算法能够得出正确的结果，必须为其提供没有被污染、错误率很低和重复率很低的高质量数据。

数据预处理主要有四个步骤：第一步，也是数据预处理中最重要和最复杂的一步，那就是数据清洗，接下来还需要对数据进行集成、归约和变换。

数据分析之前先进行上述步骤，不仅能够提高分析结果的质量，还能够减少分析所需时间。本章就是研究农业物联网的数据清洗技术。

数据清洗，这一步将会对有缺失的数据进行填补或去除，对于异常的数据进行识别和去除，对于存在噪点的数据使用算法使其平滑，同时还需要对重复无用的数据进行过滤删除，修正或者去除有一定过失的错误数据。

4.2.1 Bloom Filter 的介绍

（1）Bloom Filter 的基本思路

Bloom Filter，即布隆过滤器，简称 BF，是一位名叫 Bloom 的程序员于 1970 年提出的一种过滤器。它可以用极小的空间复杂度，来判断一个元素是否存在于一个集合当中，但是它有一定的错误率，常常用于网页 URL 的过滤或者加速查询。

BF 通过一个位数组（只由 0 或 1 组成）来表示一个集合，再使用多个 hash 函数来确定一条数据和集合的关系。BF 会出现将不在集合内的元素误判成在其中的情况，但是一定不会出现将已有的元素误判成不在集合内的情况。所以那些对错误零容忍的应用场合并不适用 BF，而在其他的场景下，BF 相较于其他常见的算法（如 hash、折半查找）极大节省了空间。

确定一个元素是否存在于某集合中，通常会使用某种数据结构，记录下所有的元素，再一个一个比较。虽然这样的准确率可以达到百分之百，但是时间复杂度和空间复杂度都较大，如果有数以万亿的不同的数据进行存储，需要的内存空间将会使用掉整个进程所分配的内存空间。就算使用一些优秀的加密算法，将原先的数据压缩成数据量较小的格式，存储起来依然会占据不少的内存。

所以，可以使用一种数据结构：hash table，使每条数据经过一个 hash 函数，通过计算得出一个数字，用它作为索引去位数组中进行查找，如果该位为 0，则代表数据不存在，将其改为 1，否则代表数据已存在。

这时就会存在一个问题，一个 hash 对不同的数据得出的结果可能相同，这就是

hash 冲突（碰撞）。为了减少冲突，可以使用多个 hash 的方法对其进行改进，只需任意一个 hash 计算得出的索引位置为 0，就可判定该数据一定不存在于该集合当中。通过多组 hash 函数来确定是否重复，这就是 BF 的基本思路。

（2）使用 Bloom Filter 的过程

一个标准的布隆过滤器有 4 个参数，如表 4-1 所示。

表 4-1 标准布隆过滤器的 4 个参数

参数	意义
m	bit 数组的宽度（bit 数）
n	加入布隆过滤器中的数据的数量
k	布隆过滤器中使用的 hash 函数的个数
p	查询过程中的错误率

① 初始化。BF 的创建非常简单，只需创建一个长度为 m 的位数组，一开始每一位都为 0，代表着当前集合中还未放入任何元素。布隆过滤器的初始化见图 4-1。

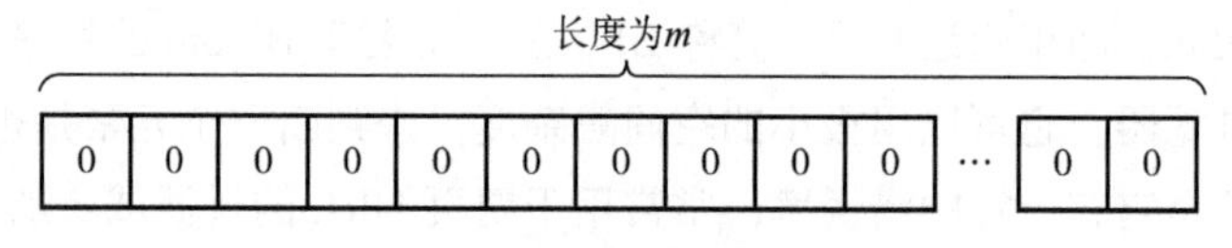

图 4-1 布隆过滤器的初始化

② 加入数据。当需要加入数据时，只需将数据经过 BF 中的所有 hash 函数，得出多个索引位置，再将 BF 中的位数组相对应的索引位置变为 1，这就代表这个数据存在于集合当中了。当然，需要注意索引大小必须是合法的，不能小于零或者大于位数组的长度减一。布隆过滤器的加入数据见图 4-2。

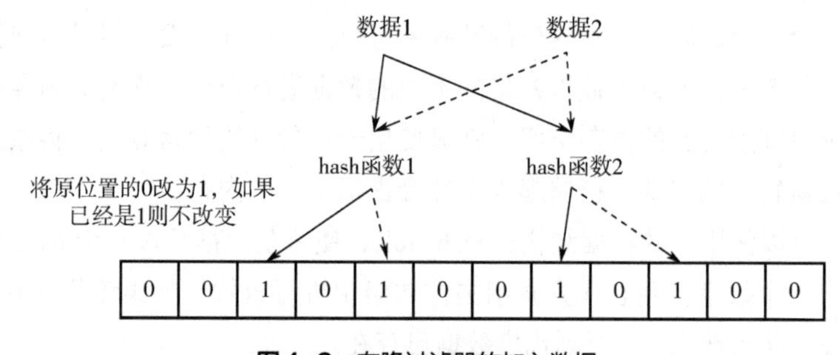

图 4-2 布隆过滤器的加入数据

③ 判断数据是否存在于集合中。当使用 BF 判断一个数据是否存在于一个集合当中时，只需使数据经过 BF 的所有 hash 函数，得出所有的索引位置，再在 BF 的位数组中查看各个索引位置，如果全为 1，则认为数据存在于集合中。

图 4-3 中数据 3 就不是集合内的元素，因为经过 hash 函数得出的索引，有一位为“0”。数据 2 属于这个集合，或者刚好是一个假阳性。

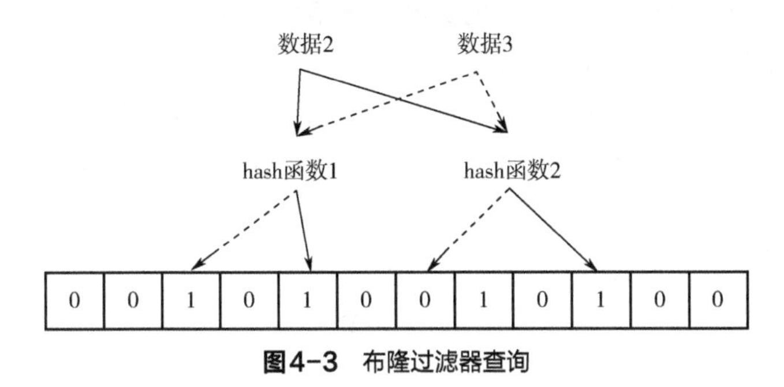

图4-3　布隆过滤器查询

（3）Bloom Filter 的缺点

根据上面的流程，能够很容易地得出，这个判断并不能保证查找的结果是 100% 正确的，而且可以发现 BF 是不可逆的，因为该元素对应的位有可能关联到了其他元素，所以就无法对 BF 进行删除指定值的操作。一个简单的改进就是计数型布隆过滤器，用一个 counter 数组代替位数组，就可以支持删除操作。

同时，BF 的 hash 函数最好选择计算结果分布均匀，且多个 hash 函数间需要相互没有关联，这样的 BF 才可靠。

4.2.2　标准 Bloom Filter 误判概率的证明和计算

对于所有的 hash 函数都是互无关联的 BF，某位因为一个 hash 函数没有被改成 1 的概率为：$1-\frac{1}{m}$，则 k 个 hash 函数中都未将其置为 1 的概率为：$\left(1-\frac{1}{m}\right)^k$，如果插入了 n 个元素，但都未将其置为 1 的概率为：$\left(1-\frac{1}{m}\right)^{kn}$，则此位被置为 1 的概率为：$1-\left(1-\frac{1}{m}\right)^{kn}$，且在过滤阶段，数据经过 k 个 hash 函数得出的索引在 BF 的位数组上均被置为 1 的概率为：$\left(1-\left(1-\frac{1}{m}\right)^{kn}\right)^k$。

由此可得出布隆过滤器的误判率满足公式（4-1）：

$$p=\left(1-\left(1-\frac{1}{m}\right)^{kn}\right)^k \tag{4-1}$$

由于，当 x 趋近于 0 时 $(1+x)^{\frac{1}{x}} \approx \mathrm{e}$，并且当 m 很大时，$-\frac{1}{m}$ 趋近于 0，所以可得公式（4-2）：

$$p=\left(1-\left(1-\frac{1}{m}\right)^{kn}\right)^k \approx \left(1-\mathrm{e}^{\frac{kn}{m}}\right)^k \tag{4-2}$$

从上式可以观察出，当位数组的宽度即 m 增大时或者加入其中的数据的数量即 n 减小时，布隆过滤器误判率也会随之变小。

再计算对于确定的位数组的宽度即 m 和确定加入布隆过滤器中的数据的数量即 n，布隆过滤器中使用的 hash 函数的个数即 k 取何值，可以使得查询过程中的错误率即 p 最小。

设 $b=\mathrm{e}^{\frac{n}{m}}$，则可简化公式（4-2）为公式（4-3）：

$$p=\left(1-b^{-k}\right)^k \tag{4-3}$$

两边取对数可得公式（4-4）：

$$\ln p = k\ln\left(1-b^{-k}\right) \tag{4-4}$$

由于 p 是和 k 有关的函数，将 p 替换成 $f(k)$，再对两边求导可得公式（4-5）：

$$\frac{1}{f(k)}f'(k)=\ln\left(1-b^{-k}\right)+k\frac{1}{1-b^{-k}}\left(-b^{-k}\right)\ln b(-1) \tag{4-5}$$

简化后可得公式（4-6）：

$$\frac{1}{f(k)}f'(k)=\ln\left(1-b^{-k}\right)+k\frac{b^{-k}\ln b}{1-b^{-k}} \tag{4-6}$$

接下来求最值：

$$\begin{aligned}
&\ln\left(1-b^{-k}\right)+k\frac{b^{-k}\ln b}{1-b^{-k}}=0\\
&\Rightarrow \left(1-b^{-k}\right)\ln\left(1-b^{-k}\right)=-kb^{-k}\ln b\\
&\Rightarrow \left(1-b^{-k}\right)\ln\left(1-b^{-k}\right)=b^{-k}\ln b^{-k}\\
&\Rightarrow 1-b^{-k}=b^{-k}\\
&\Rightarrow b^{-k}=\frac{1}{2}\\
&\Rightarrow \mathrm{e}^{-\frac{kn}{m}}=\frac{1}{2}\\
&\Rightarrow \frac{kn}{m}=\ln 2\\
&\Rightarrow k=\ln 2\left(\frac{m}{n}\right)=0.7\frac{m}{n}
\end{aligned} \tag{4-7}$$

由上面推导可得：$k=0.7\frac{m}{n}$ 时，误判率最低，此时的误判率为公式（4-8）

$$p(\text{error})=\left(1-\frac{1}{2}\right)^k=2^{-k}=2^{-\ln 2\left(\frac{m}{n}\right)}\approx 0.6185^{\frac{m}{n}} \tag{4-8}$$

若想保持布隆过滤器查询过程中错误率不变，则布隆过滤器的位数 m 与被加入的元素数 n 的比例应保持不变。

4.2.3 设计和应用 Bloom Filter

当使用布隆过滤器时，只需填写两个参数，分别为要加入的元素个数 n 和希望的误差率 p。至于其他参数，将会通过公式计算得出，并根据参数来创建布隆过滤器。

系统首先由公式（4-9）计算需要的内存大小 m:

$$p=2^{-\ln 2\left(\frac{m}{n}\right)}\Rightarrow \ln p=\ln 2(-\ln 2)\frac{m}{n}\Rightarrow m=-\frac{n\ln p}{(\ln 2)^2} \tag{4-9}$$

再由 m、n 和公式（4-10）得到 hash 函数的个数：

$$k=\ln 2\left(\frac{m}{n}\right)=0.7\frac{m}{n} \tag{4-10}$$

这样，布隆过滤器所需要的参数已全部得出，接下来根据得出的 m 创建位数组，并选择 k 个 hash 函数，至此，布隆过滤器就创建完毕，接下来就是使用了。

根据公式（4-11），当 k 最优时，错误率为：

$$\begin{aligned}&p(\text{ error })=2^{-k}\Rightarrow \log_2 p=-k\Rightarrow k=\log_2\frac{1}{p}\\&\Rightarrow \ln 2\frac{m}{n}=\log_2\frac{1}{p}\Rightarrow\frac{m}{n}=\frac{1}{\ln 2}\log_2\frac{1}{p}=1.44\log_2\frac{1}{p}\end{aligned} \tag{4-11}$$

所以可根据公式计算得出，当错误率为 百分之一的时候，布隆过滤器记录一个元素需要 9.6bit。

$$\frac{m}{n}=1.44\log_2\frac{1}{0.01}=9.6\text{bit} \tag{4-12}$$

布隆过滤器若想在原先基础上将错误率降低为原来的 1/10，则每个元素需要在原先基础上额外增加 4.8bit 大小的存储：

$$\frac{m}{n}=1.44\left(\log_2 10a-\log_2 a\right)=1.44\log_2 10=4.8\text{bit} \tag{4-13}$$

9.6bit 并不仅仅是全置为 1 的大小，而且含有设置为 0 的大小，所以此时的

$$k=0.7\frac{m}{n}=0.7\times 9.6=6.72\text{bit} \tag{4-14}$$

才是每个元素对应的为 1 的 bit 位数。

当采取最优数量 hash 函数时，$k=0.7\frac{m}{n}$，可以观察到：$p(\text{ error })=\left(1-\mathrm{e}^{-\frac{nk}{m}}\right)^{k}$ 中的 $\mathrm{e}^{-\frac{nk}{m}}=\frac{1}{2}$，即 $\left(1-\frac{1}{m}\right)^{kn}=\frac{1}{2}$。

这代表某个索引位在放入 n 个元素后仍然没有被改为 1 的情况。所以，为了使 BF 的误判率较低，需要保证 BF 的空间利用率低于一半，虽然空间利用率只有一半以下，但也比相同类型的算法节省了大量的空间。

4.2.4 朴素贝叶斯分类介绍

朴素贝叶斯算法是一种经典的分类算法，广泛应用于许多领域。在学习朴素贝叶斯分类前，应该先了解贝叶斯定理。

（1）贝叶斯定理

贝叶斯定理是一个用于计算条件概率的简单数学公式。它在认识论、统计学和归纳逻辑的主观主义或贝叶斯方法中占有突出地位。主观主义者认为理性信念受概率定律支配，他们的证据理论和经验学习模型严重依赖于条件概率。贝叶斯定理是这些思想的核心，既因为它简化了条件概率的计算，又因为它阐明了主观主义立场的重要特征。事实上，这个定理的核心观点——一个假设被任何一个数据体所证实，它的真实性使其成为可能——是所有主观主义方法论的基石。

贝叶斯定理是关于随机事件 A 和 B 的条件概率的一则定理。

$$P(A|B)=\frac{P(A)P(B|A)}{P(B)} \tag{4-15}$$

其中，A 以及 B 为随机事件，且 $P(B)$ 不为零。$P(A|B)$ 是在事件 B 发生的情况下事件 A 发生的概率。

在贝叶斯定理中，每个名词都有约定俗成的名称：

① $P(A|B)$ 是已知 B 发生后，A 的条件概率，也称作 A 的后验概率。

② $P(A)$ 是 A 的先验概率（或边缘概率），其不考虑任何 B 方面的因素。

③ $P(B|A)$ 是已知 A 发生后，B 的条件概率，也可称为 B 的后验概率。

④ $P(B)$ 是 B 的先验概率。

按这些术语，贝叶斯定理可表述为：

后验概率 = （似然度×先验概率）/标准化常量

也就是说，后验概率与先验概率和似然度的乘积成正比。

另外，比例 $P(B|A)/P(B)$ 有时也被称作标准似然度（standardised likelihood），

贝叶斯定理可表述为:

后验概率 = 标准似然度×先验概率

对于变量有两个以上的情况，贝叶斯理论亦成立。例如:

$$P(A|B,C)=\frac{P(A)P(B|A)P(C|A,B)}{P(B)P(C|B)} \tag{4-16}$$

（2）朴素贝叶斯

在机器学习中，朴素贝叶斯分类器是一系列以假设特征之间强（朴素）独立下运用贝叶斯定理为基础的简单概率分类器。

朴素贝叶斯自20世纪50年代已被广泛研究，20世纪60年代初以另外一个名称引入文本信息检索界中，并仍然是文本分类的一种热门（基准）方法。文本分类是以词频为特征判断文件所属类别或其他（如垃圾邮件、合法性、体育或政治等）的问题。通过适当的预处理，它可以与这个领域更先进的方法（包括支持向量机）相竞争。它在自动医疗诊断中也有应用。

朴素贝叶斯分类器是高度可扩展的，因此需要数量与学习问题中的变量（特征/预测器）呈线性关系的参数。最大似然训练可以通过评估一个封闭形式的表达式来完成，只需花费线性时间，而不需要其他很多类型的分类器所使用的费时的迭代逼近。

（3）贝叶斯原理、贝叶斯分类和朴素贝叶斯的关系

贝叶斯原理是数学基础，在此基础上有了贝叶斯分类模型，朴素贝叶斯分类就是具体的运用，它们之间的关系如图4-4所示。

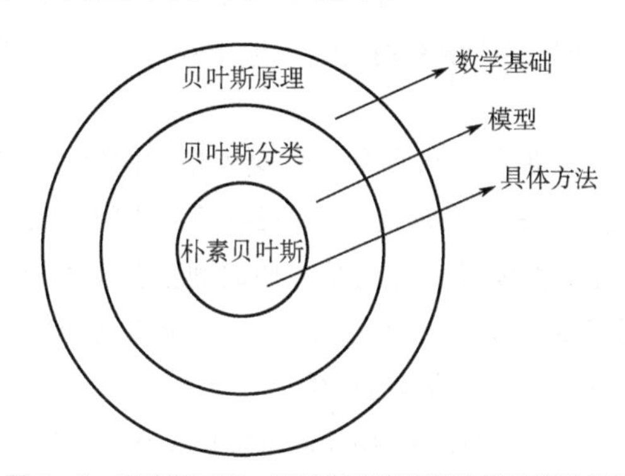

图4-4　贝叶斯原理、贝叶斯分类和朴素贝叶斯的关系

（4）朴素贝叶斯分类的优缺点

优点:

① 该算法运算速度快，可以方便地预测测试数据集的类别。

② 可以使用它来解决多类预测问题，在这方面非常方便。

③ 在保持特征独立性的前提下，朴素贝叶斯分类器在训练数据较少的情况下比其他模型具有更好的性能。

④ 如果有分类的输入变量，朴素贝叶斯算法在数值变量中表现得非常好。

缺点：

① 假设了各个特征之间相互独立，但现实当中往往不是如此。

② 需要得知先验概率，但通常先验概率是未知的，需要对其进行假定。

③ 对于输入的数据格式要求严格。

总体来说，朴素贝叶斯分类还是一种较为优秀的分类算法。

4.3 设计与实验

4.3.1 布隆过滤器的改进

对于普通的 BF，它是不可改变的，容量在一开始创建时就已经确定，但如果 BF 已经满了，若想对其扩容就是个问题，因为 BF 的不可逆，没法重新建一个更大的 BF 然后去把数据重新导入。本书采取的扩容方法是在保留原有 BF 的基础上，再建立一个新的 BF，插入之前先检查所有的 BF，如果没有就再将数据加入新的 BF，这样就实现了 BF 的扩容。

但也伴随着相应的问题，如果增加的 BF 过多，则相对的错误率也应该会随之增大，假设一共有 5 个 BF，每个 BF 的错误率为 0.1%，则总体错误率会上升到 0.5%。随着数据不断地增加，BF 的错误率最终会接近 100%。所以还需要对其改进，使其拥有删除操作。

因为不同的数据经过多个 hash 函数可能会得出相同值，所以不能对某个特点的数据进行删除，这会导致 BF 越来越冗余。本书打算采用附带时效性的布隆过滤器，同上文一样的思路，用多个 BF 组成，每隔一段时间就创建一个新的 BF，每个 BF 都附带时效性，这样就实现了被动删除。改进后的布隆过滤器每隔一段时间删除过期数据，这使得改进后的布隆过滤器更加健壮。

本书将改进后的 BF 称为 UTBF（union time bloom filter）。

4.3.2 布隆过滤器和改进后的布隆过滤器流程图

（1）普通布隆过滤器

首先传入两个参数，m[位数组宽度（长度）]和 p（错误率），之后只需添加元素就行。普通布隆过滤器流程见图 4-5。

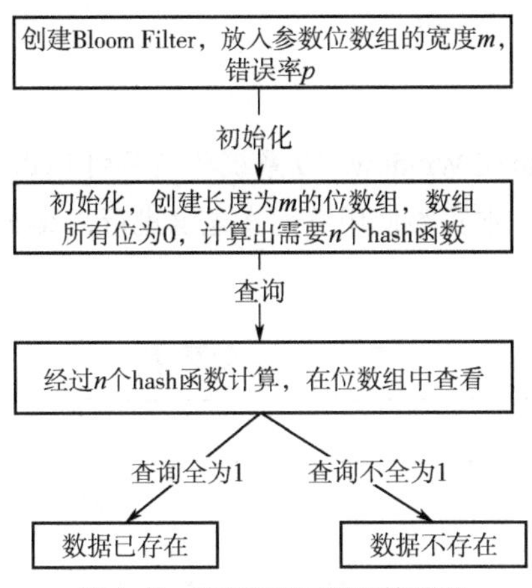

图4-5 普通布隆过滤器流程图

（2）改进后的布隆过滤器

需要传入三个参数，分别为 m[位数组宽度（长度）]、p（错误率）和 t（过期时间）。改进后的布隆过滤器流程见图 4-6。

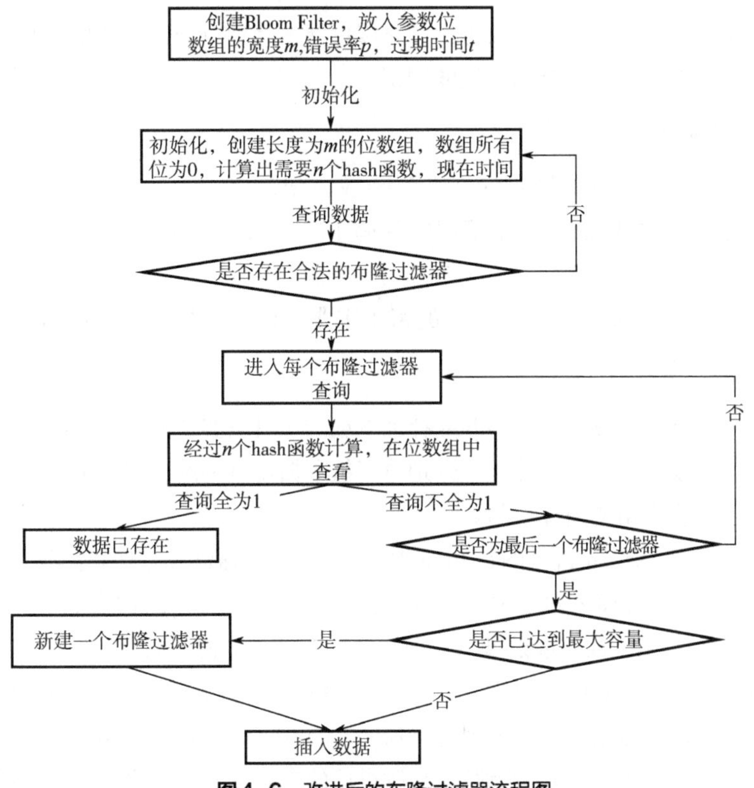

图4-6 改进后的布隆过滤器流程图

4.3.3 实验配置

本书的实验环境，是在 Windows 10 系统环境下用 Python3.7 运行环境实现了算法并对算法进行了测试，本实验使用笔记本电脑进行，其硬件配置和软件环境信息如表 4-2 所示。

表4-2 实验配置

CPU	Intel（R） Core（TM） i7-7700HQ 2.8GHz
显卡	NVIDIA Geforce GTX 1050 TI
内存	16.0 GB
操作系统	Windows10 64 位操作系统
Python 版本	3.7
Python IDE	Pycharm 2019.3.5

4.3.4 重复数据过滤

使用字典、布隆过滤器和改进后的布隆过滤器分别对一千条数据、两万六千条数据和七十七万条数据进行两次过滤测试。

（1）实验数据

① 一千条数据为数字 0~999，使用 txt 文本记录；

② 两万六千条数据为网上下载的密码字典一部分，均不重复，使用 txt 文本记录；

③ 七十七万条数据为网上下载的密码字典，有部分重复，使用 txt 文本记录。

（2）实验步骤

使用 Python 自带的字典、Python 社区下载的工具包实现的布隆过滤器和基于普通布隆过滤器改进的布隆过滤器，分别对三组数据进行两次过滤测试，记录过滤的时间、错误率和使用的内存空间。

时间是通过 Python 自带的包 time 得出开始的时间戳和结束的时间戳相减而得出；错误率是根据加入过程中的反馈而计算得出；字典的内存占用根据函数 sys.getsizeof () 得出，而布隆过滤器和改进后的布隆过滤器的内存占用是根据 4.2 节内容计算而得出的，实际上还需要其他数据进行辅助，所以实际内存占用应更大。

普通布隆过滤器三次设置分别为（1000，0.001）、（26000，0.001）、（770235，0.001），代表含义为（容量，错误率）；改进后的布隆过滤器设置每个布隆过滤器默认为（10000，0.001，360），代表含义为（容量，错误率，过期时间）。

4.3.5 无效数据分类

由于缺少了相关数据，无法进行有关“智慧农机”的冗余数据处理的朴素贝叶斯分类的实现，通过实现垃圾邮件的朴素贝叶斯分类来评估其使用在“智慧农机”上的可行性。

（1）分类步骤

朴素贝叶斯分类训练一般有以下三个步骤（见图 4-7）：

① 第一阶段：准备阶段。

准备训练样本和测试样本，并对训练样本的数据进行分类，确定属性，这一步需要人工来完成。

② 第二阶段：训练阶段。

将训练集输入程序，程序将统计并记录各种频率，这样朴素贝叶斯分类器就完成了。

③ 第三阶段：测试阶段。

根据第二阶段得到的数据，通过公式计算，可以对输入的测试样例进行分类，并统计正确率，判断训练是否理想。

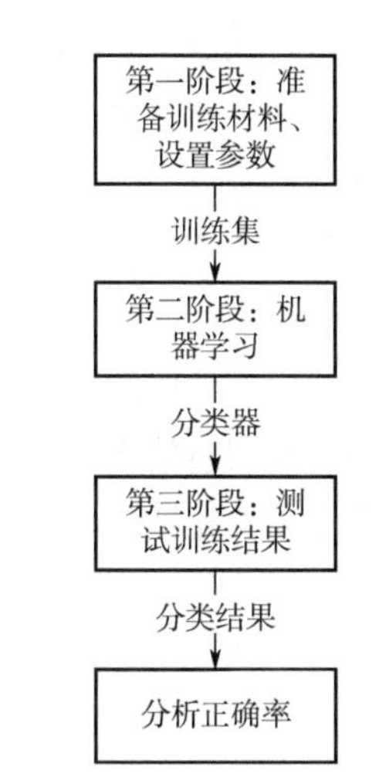

图 4-7　朴素贝叶斯分类训练流程图

第一阶段往往是最重要的一步，因为训练集将会影响后续的训练结果，只有全面的数据，才能得出更好的分类器。

（2）sklearn 包和三种朴素贝叶斯算法介绍

sklearn 是一个 Python 模块，其包含了许多科学 Python 包（numpy、scipy、matplotlib），并能完成许多经典的机器学习算法，是机器学习中一个重要的多功能科学工程工具模块。

本书朴素贝叶斯分类的实现就是使用 sklearn 工具包，它提供了 3 种常见朴素贝叶斯分类算法。

① 第一种，多项式模型。当特征是离散的时候，使用多项式模型。

② 第二种，高斯模型。处理连续的特征变量，应该采用高斯模型。高斯模型假设每一维特征都服从高斯分布（正态分布）。

③ 第三种，伯努利模型。与多项式模型一样，伯努利模型适用于离散特征的情况，所不同的是，伯努利模型中每个特征的取值只能是 1 和 0。

应该根据属性的不同类型，来采取不同的贝叶斯分类算法。

（3）TF-IDF 介绍

TF-IDF（term frequency-inverse document frequency）是一种用于信息检索与文本挖掘的常用加权技术。TF-IDF 是一种统计方法，用以评估一字词对于一个文件集或一个语料库中的其中一份文件的重要程度。字词的重要性随着它在文件中出现的次数呈正比增加，但同时会随着它在语料库中出现的频率呈反比下降。

词频（term frequency，TF）指的是某一个给定的词语在该文件中出现的频率。这个数字是对词数（term count）的归一化，以防止它偏向长的文件。同一个词语在长文件里可能会比在短文件里有更高的词数，而不管该词语重要与否。

逆向文件频率（inverse document frequency，IDF）是一个词语普遍重要性的度量。某一特定词语的 IDF，可以由总文件数目除以包含该词语的文件的数目，再将得到的商取以 10 为底的对数得到。

某一特定文件内的高词语频率，以及该词语在整个文件集合中的低文件频率，可以产生出高权重的 TF-IDF。因此，TF-IDF 倾向于过滤掉常见的词语，保留重要的词语。计算公式如式（4-17）:

$$
\begin{gathered}
\mathrm{TF}=\frac{\text{单词出现的次数}}{\text{该文档的总单词数}} \\
\mathrm{IDF}=\lg\frac{\text{文档总数}}{\text{该单词出现的文档数}+1} \\
\mathrm{TF\text{-}IDF}=\mathrm{TF}\times\mathrm{IDF}
\end{gathered}
\tag{4-17}
$$

① 实验数据:将网上下载的 8000 封普通邮件和 8000 封垃圾邮件作为训练集进行学习，还有 8000 封邮件作为测试样例来检验分类结果。

② 实验步骤: 导入 8000 封普通邮件和 8000 封垃圾邮件作为训练集，首先使用结巴分词（jieba）工具包对所有邮件进行拆分，将文章拆分成字词，其中包含大量的连接词和无意义的语气助词之类，需要再根据字典进行过滤，这时再统计各个字词出现的次数和具体的文章编号。

接着计算不同字词的 TF-IDF 值，来确定这个词能否代表这篇文章。最后导入 8000 封测试样例，通过多项式朴素贝叶斯分类对邮件进行区分，验证分类结果。

4.3.6 使用 Laplace Smoothing 优化

在贝叶斯决策时，若发现某一个字词并没有在训练字典中出现，可以使用拉普拉斯平滑（Laplace Smoothing）对其进行处理。即设定一个初始后验概率，这样在面对新出现的字词时，可以保证后验概率不为 0。

在面对短句子时，原先的分类器经常出现错误，比如别人回复“好的。”，“好的。”本身是一个重要的消息，但是因为 TF-IDF 值较小，所以经常把它认为是不重要信息，这导致分类器的错误率大大上升。

针对这种情况，本书作出猜想，认为进行训练时，应该加入句子的长度这一属性，通过引入这一属性，可以保证短句子不会被错误地认为是垃圾信息，如常用的“欢迎”“可以”“没问题”等。

要想验证此猜想，首先需要观察短句子是否含有重要信息，经过统计，得出图4-8。

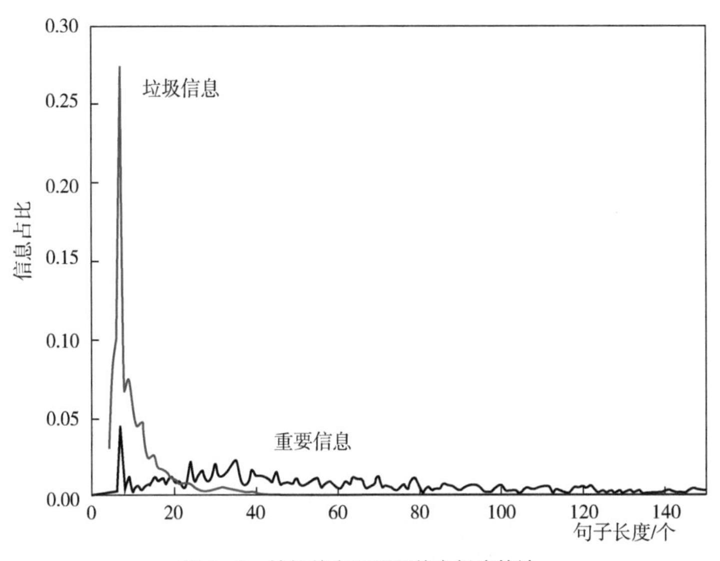

图4-8　垃圾信息和重要信息长度统计

通过图4-8可以发现，当句子只有2~6个字时，还是有许多重要信息；而超过6个字少于20个字时，则有大量的垃圾信息。根据图可以设计一个有关句子长度的概率，来帮助提高判断无用信息的准确度。

4.4　本章小结

随着农业物联网的广泛应用，其收集到的数据往往存在交叉收集或者存在错误数据，这导致生产中收集到的数据往往含有大量的冗余数据，这些数据不仅会浪费大量的存储空间，还会对数据分析产生影响。

面对如此巨大规模的数据量，使用传统的数据处理方法已成难题，像Hadoop、Storm和Spark等分布式框架，在面对大数据的处理中获得了成功，也被应用到了农业大数据的处理中。对海量冗余的数据进行预处理，已成大数据分析中不可缺少的一步，不仅可以减少重复数据存储导致物理空间浪费，还可以减少数据分析的时间，同时提高数据分析的准确率。

本章依据理论和实践经验，以对智慧农机中的两类冗余数据进行处理为目标，提出了基于布隆过滤器而改进的拥有自动扩容和到时删除的布隆过滤器来过滤重复数据，使用朴素贝叶斯分类进行机器学习从而进行数据有效性的分类。

第5章 农业物联网中的分簇优化算法

无线传感器网络是农业物联网的重要组成部分，本章针对无线传感器网络耗能问题，提出一种能量有效的非均匀分簇路由模型。该模型将传统分簇算法与麻雀算法相结合，使得算法在每一轮传输数据的过程中，都能找到可以使得无线传感器网络各个节点耗能平均、整体耗能最少的最优簇头集合，以延长无线传感器网络的生命周期。在实验过程中，设置适应度函数，降低每一轮传输数据时网络的耗能并将各个节点的耗能平均。

5.1 概述

无线传感器网络的应用，在现代工作生活中十分广泛，受传感器电池能量的限制，如何有效延长无线传感器网络的生命周期，一直是一个具有挑战性的问题。为了解决无线传感器网络的耗能问题，研究人员相继提出了分簇路由、多跳路由等方案。

其中分簇路由主要分为均匀分簇和非均匀分簇，分簇路由将已有的节点根据节点与基站的距离等相关因素聚类。通过引入簇头机制，在节点数据收集方面降低了无线传感器网络中各个节点的能耗。而多跳路由则从传统的单跳路由中引申出来，由一个节点传输引申为多个节点的合作传输，从数据传输的方面，降低网络传输数据的能耗。另外，分簇算法也可以结合多跳路由，将无线传感器网络中的节点分为不同的层次，进一步优化网络传输数据时的耗能问题。但是已有的传输方案在节点分簇、竞选簇头时考虑的因素较为单一，且较少做到在全局内寻优从而使得方案靠近最优。当前已有的、针对无线传感器网络的路由算法，在平均耗能与减小耗能等方面仍有改进的空间。

因此，本章提出一种能量有效的非均匀分簇路由方案。本章的研究目的，主要是通过将传统分簇算法与麻雀算法相结合，使得算法在每一轮传输数据的过程中，都能找到可以使得无线传感器网络各个节点耗能平均、整体耗能最少的最优簇头集合，以延长无线传感器网络的生命周期。本章结合各个节点的剩余能量以及传输数据时的耗能多少，设置适应度函数，其目的是降低每一轮传输数据时网络的耗能，并将各个节点的耗能平均。

5.2 分簇优化算法

5.2.1 分簇算法

均匀分簇算法和非均匀分簇算法，都隶属于分簇算法。均匀分簇算法首先将无线传感器网络中的节点均匀分成几簇，之后再进行簇头的竞选。均匀分簇算法限制了各个簇内节点与基站的距离，因此，近年来非均匀分簇算法更多地被应用与优化。非均匀分簇算法与均匀分簇算法不同。在无线传感器网络中，越接近基站的节点，传输数据时的耗能越小，而远离基站的节点在传输数据时，受距离的限制通常耗能更大，因此不考虑节点到基站距离的均匀分簇，不利于传感器节点的寿命延长。因此，非均匀分簇算法将无线传感器网络中的节点，按照距离的远近，分为不同半径的簇，使得每个分簇的簇头节点的耗能尽量均匀。近年来，非均匀分簇算法逐渐发展，与智能算法的结合已经成为一定的趋势。

LEACH 算法是由 Heinzelman W R、Chandrakasan A 和 Balakrishnan H 在 2000 年提出的分层传感器网络协议，是具有代表性的均匀分簇协议算法。在 LEACH 算法中，多个传感器节点被分为不同的簇，每个簇内会选举出一个节点作为簇头节点，汇合簇内各个节点的数据信息，最后由各个簇内的簇头节点将汇合到的数据信息传输到基站，具体网络结构如图 5-1 所示。每一轮传输的簇头节点都会重新选举，避免对节点能量的过多消耗，保障网络的工作寿命。

LEACH 算法，率先提出均匀分簇的概念并应用到实际的场景中，但是 LEACH 算法默认网络中的传感器节点的能量是相同的，在分簇的时候，没有考虑节点的能量参数。Ye 等提出一种结合 *K*-means 的均匀分簇算法，解决了 LEACH 算法传感器节点耗能不均匀的问题。该方法利用节点的位置数据，结合 *K*-means 算法进行分簇，在分簇结束后，选择每一个簇内剩余能量最多的节点作为簇头节点，这种方法使得网络生命延长。Qiao 等提出，针对不同的无线传感器网络（WSN）采取不同的措施，即对于节点分布均匀的 WSN 采用基于空间位置的均匀分簇，针对节点分布不均匀的 WSN 则基于节点密度进行均衡分簇，这种方法使得网络连通更加顺畅，延长了网络的生命周期。

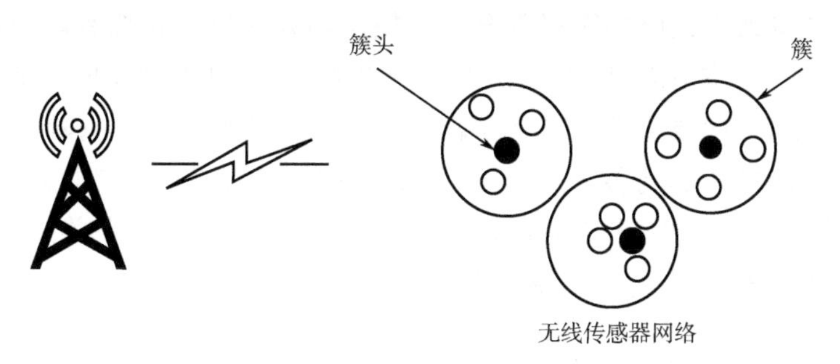

图5-1 LEACH算法网络结构

DEBUC 分簇算法，是由蒋畅江、石为人和唐贤伦等提出的一种能够感知到邻节点的非均匀分簇算法。DEBUC 非均匀分簇算法流程具体分为三个部分，即分簇、簇内竞选簇头和多跳路由的设置。在 DEBUC 算法中，首先定义一个最大的竞争半径 R，随后通过遍历各个点对应的 R_{comp}，对比 R 是否大于/小于两点之间的距离，以此来判断其是否属于同一分簇，如果两点之间的距离小于 R，则两点属于一簇，反之两点各属于一簇。在分簇结束之后，DEBUC 算法将各个节点的剩余能量作为簇内竞选节点的唯一标准，将簇内剩余能量最大的节点，选作该簇的簇头节点。在所有的簇都选完簇头后，簇头节点将把其成为簇头节点的信息，传播给簇内其他非簇头节点。

最后，DEBUC 算法为了更加节能，在簇头传输数据时利用多跳的方式，每一个簇头都要在邻居簇头集中，找到一个簇头作为中继节点，其中邻居簇头集包含节点本身。在各个分簇的簇头以贪心算法的思路找到中继节点后，再通过中继节点的转发将收集到的数据传输给基站。

Li 等优化了竞争半径，将簇头分为主簇、副簇，并设置能量阈值，在阈值内，由主簇作为簇头节点，否则主簇进入休眠。同时将簇头选举的轮数按照奇、偶数次分类，轮数为奇数时全部节点加入竞争簇头，否则在簇内竞争。这种方法有效地提高了能量利用的效率。Gupta 等提出一种 *K*-means L 层算法，先将传感器节点的位置数据作为 *K*-means 算法的输入，进行不均匀分簇，随后选出每一个簇内的质心节点。另外，在 *K*-means L 层算法中，传感器数据的传送采用多跳的方式，实现了对传输节点能量消耗的优化。赵清等以煤矿物联网为背景，提出一种重构自适应非均匀分簇算法，在簇头选举过程中引入了候选簇头，候选簇头与其他簇头根据自身的能量以及与基站的距离竞选正式簇头，有效地将节点能耗平均。刘宏等将蚁群算法与分簇选举相结合，提出一种基于一群优化的非均匀分簇的路由算法，使得簇头的选举更加合适。王出航等以分布式模糊控制器为基础，对无线传感器网络进行非均匀分簇，利用 IF-THEN 规则在簇头选举过程中进行推理，选取合适的簇头。于航在提出将分簇工作与路由线路的选择部分交给控制器来决定，在控制器中通过使用 CGMEC 算法来建立对应网络的路由树，避免网络由频繁的信息交换造成能量损耗。常雪琴等提出一种双簇头非均匀分簇算法，并在数据传输过程中，按照改进最小二叉树规划的传输路径进行传输，减小了节点的能量消耗。王白婷等则将非均匀分簇与多跳路由相结合，结合节点的剩余能量与节点位置，设置合适的簇头选举阈值函数，提出 ECBUC 协议，延长了网络的使用寿命。

5.2.2 目前研究存在的问题

当前研究的无线传感器网络传输方式，多数设置簇头选举的阈值，采用公式计算的方式，来判断网络中的传感器节点是否能够成为当前轮的簇头节点。较少与收敛度更好的群智能算法相结合，在簇头选举的过程中，考虑的影响元素无法做到更加全面，这也就导致在簇头竞选过程中，与最优解之间存在较大的偏差。

群智能优化算法，通过人工模拟自然界生物的觅食方法、物理学中的各类现象或是遵循自然界的一些理论规律，能够高效地解决离散的寻优问题。在无线传感器网络中寻找合适的簇头节点、使网络在每一轮的数据传输过程中耗能更小的问题，符合寻优问题的特点。因此本章利用群智能优化算法，考虑更全面的挑选簇头的条件，进而在无线传感器网络内的节点中竞选出更加适宜的簇头。

5.3 系统模型

5.3.1 问题假设

本章所提算法的应用背景，是在无线传感器网络内的无线传感器节点中挑选合适的簇头，并进行合理分簇，使得每一轮的数据传输耗能较少的同时，均衡无线传感器网络中各个节点的能量消耗，使得无线传感器网络中节点的耗能更加均匀。其中，本章所提算法假设所应用到的无线传感器网络具有以下设定：

① 所有节点都有唯一的 ID，并分布在无线传感器网络之中。

② 所有节点地位相同、功能相同（收集和发送采集到的数据）。

③ 节点位置可知、能量可知。

④ 节点之间存在通信。

⑤ 节点采集到数据之后，需将数据汇总并发送到基站。

本章所述的无线传感器网络分簇优化算法，每一个节点都有唯一确认的整数型编号，在所提算法中，节点以编号递增的形式存在于初始化的节点集合中，并将其作为麻雀算法的输入。网络中节点之间的地位是相同的，每一个节点都可以被选作当前轮的簇头节点或非簇头节点。在本书所提算法适用的场景中，默认可以知道无线传感器网络中传感器节点的能量、位置信息，以便于在每一轮簇头选举之前，网络内的各个节点可以实时地更新传输能量参数。在此之后，再通过与麻雀算法结合，寻优获得适合当簇头的节点，并将其输出。与此同时，节点之间存在通信，且当传感器节点竞选成为簇头时，会通过广播的方式传输给其他节点，其他非簇头节点将就近选择簇头加入。最后由簇头节点将网络中的数据汇总、传输到基站。

5.3.2 能耗模型

在无线传感器网络中，传感器节点在发送、接收数据时都在逐渐地消耗能量。在传感器向外发送数据时，传感器的能量消耗具体可以分为两个部分：发送电路的能耗和放大电路的能耗，如式（5-1）所示：

$$E_{\mathrm{TX}}(l,d)=E_{\mathrm{TX-elec}}(l)+E_{\mathrm{TX-mp}}(l,d) \tag{5-1}$$

式中，$E_{\mathrm{TX}}(l,d)$ 表示传感器发送数据的能耗；$E_{\mathrm{TX-elec}}(l)$ 表示发送电路的能耗；$E_{\mathrm{TX-mp}}(l,d)$ 表示放大电路能耗；l 表示传感器发送的数据大小，单位为 bit；d 表示节点广播的距离。其中 $E_{\mathrm{TX-elec}}(l)$ 计算如式（5-2）：

$$E_{\mathrm{TX-elec}}(l)=lE_{\mathrm{elec}} \tag{5-2}$$

式中，E_{elec} 表示发送或接收 1bit 数据时所消耗的能量。而在计算放大电路能耗 $E_{\mathrm{TX-mp}}(l,d)$ 时，根据 d 的具体大小分为两种计算方法：$d \geqslant d_0$ 时，采用多路衰减模型；$d<d_0$ 时，采用自用空间模型。其具体计算如式（5-3）：

$$E_{\mathrm{TX-mp}}(l,d)=\begin{cases} l\varepsilon_{\mathrm{mp}}d^4 (d \geqslant d_0) \\ l\varepsilon_{\mathrm{fs}}d^2 (d<d_0) \end{cases} \tag{5-3}$$

式中，$\varepsilon_{\mathrm{fs}}$ 表示自由空间模型下的功率放大系数；$\varepsilon_{\mathrm{mp}}$ 表示多路衰减模型下的放大系数。d_0 的计算如公式（5-4）：

$$d_0=\sqrt{\varepsilon_{\mathrm{fs}}}/\sqrt{\varepsilon_{\mathrm{mp}}} \tag{5-4}$$

而在传感器接收数据时耗能 $E_{\mathrm{RX}}(l)$ 的计算如式（5-5）：

$$E_{\mathrm{RX}}(l)=lE_{\mathrm{elec}} \tag{5-5}$$

5.3.3 问题模型

本章主要是在无线传感器网络中结合传感器节点之间的位置关系、传感器节点与基站之间的位置关系及节点剩余能量，在每一轮网络向目标基站传输数据之前进行簇头选举，其他非簇头节点就近加入对应簇头形成分簇。随后将数据传输到对应的簇头节点，簇头节点再将数据汇总、传输到基站。算法主要目标是使得无线传感器网络的整体耗能更少、更均匀，进而使得网络整体生命周期延长。

本章将分簇优化问题视为寻优问题。在无线传感器网络中，节点的剩余能量、簇头节点与其他节点的距离以及簇头节点与基站的距离都是影响网络总体耗能的因素，且这些因素直接影响的就是每一轮的数据传输过程中各个节点的具体耗能。根据多维的限制条件，得到一个合适的适应度函数，通过麻雀算法寻找最优簇头集，使得所得簇头集满足距离基站较近、距离其他非簇头节点也近的特点。另外，考虑无线传感器网络内部节点耗能的负载均衡情况，节点的剩余能量也是影响网络生命时长的重要因素。

（1）算法详细介绍

本章提出的基于麻雀算法的非均匀分簇算法，其执行过程如下:

① 在无线传感器网络已经设定完全的条件下，初始化/更新节点剩余能量信息。其中初始化节点的过程除去更新节点剩余能量的信息之外，还应将节点在无线传感器网络中的位置、节点 ID 编号进行初始化。

② 更新备选节点，即已经被选过簇头的节点这一轮不在备选集合中，使得节点的耗能尽量均匀。

③ 寻找最优簇头，获得可以使得本轮数据传输耗能低且耗能均匀的簇头节点集合。其中寻找最优簇头的筛选条件要求耗能尽量最少的同时，尽量避免选择剩余能量较低的节点。

④ 节点分簇，按照非簇头节点与簇头节点之间距离的远近，将非簇头节点加入对应的簇头节点所在的分簇中。

⑤ 实现本轮的数据传输，由簇头汇总非簇头节点的信息，并发送到基站。

⑥ 重复步骤 ①~⑤，直到网络中有节点死亡为止。

分簇算法执行的具体工作流程如图 5-2 所示。

在算法整体开始前，需要初步定义节点集群 S, S 中包含的是无线传感器网络中传感器节点的具体信息，具体包括节点的位置信息、剩余能量、是否为簇头节点、ID 编号，如表 5-1 所示。

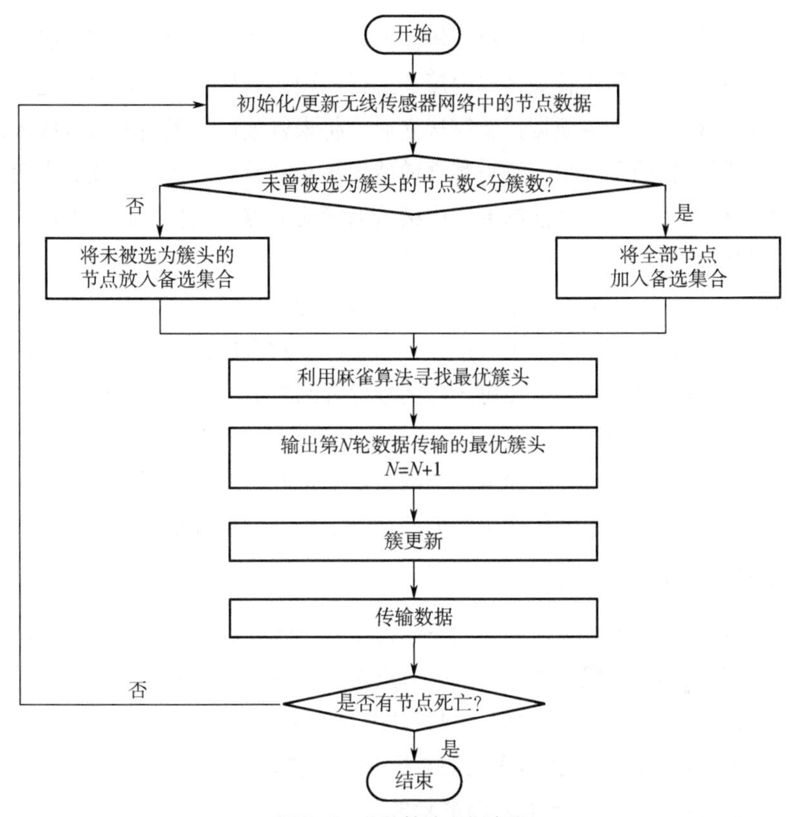

图5-2 分簇算法工作流程

表5-1 网络中节点的初始化参数示例

序号	X_d横坐标/度	Y_d纵坐标/度	剩余能量/J	是否为簇头	ID编号
1	62.1066	57.6983	0.3	否	1
2	88.5559	78.9348	0.3	否	2
3	78.7988	26.1438	0.3	否	3
4	78.9054	13.8922	0.3	否	4
5	53.5018	37.7361	0.3	否	5
6	3.8240	74.2269	0.3	否	6
7	0.9392	86.1783	0.3	否	7
8	45.1231	23.4564	0.3	否	8
9	79.2138	0.1564	0.3	否	9
10	35.4982	32.1354	0.3	否	10
…	…	…	…	…	…
N	96.4142	1.8231	0.3	否	N

随后在无线传感器网络中，每一轮需要传输数据时，都会先更新传感器节点的能量数据，并对节点是否曾经被选为簇头进行标识，以便于在整体寻优过程中对节点进行考量。在节点相关数据更新完毕之后，将未曾被选为簇头的节点放入备选集中，确保在新一轮的寻优中，不再将之前成为簇头的节点选入，保证节点耗能的均衡。如果所有的节点都在之前的寻优中被选为簇头节点，则将所有节点都纳入备选节点中，重新标识。

最后进入算法寻优阶段，本章所提出的寻优背景，是在固定节点中，挑选 k 个节点作为簇头，使得整个网络的耗能接近最低。相对应的这 k 个节点组成的 k 维数组，就是算法的最优值输出。在每一轮的寻优开始之前，确保节点能量已经更新，随后再进入簇头寻优的过程。寻优结束后，算法遍历所有节点查看是否有死亡节点。所谓死亡节点，是指无线传感器网络中的节点能量耗尽或在计算中已经出现负数的节点，这些节点在本轮数据传输中可能已经无法传输完整数据。

（2）目标函数的确定

结合问题寻优背景与算法的目的——使得每一轮的数据传输耗能最小。在无线传感器网络中，影响无线传感器网络中节点传输耗能的具体因素：

① 簇头节点在成为簇头之后，向其他节点发送成为簇头时的耗能。

② 簇头节点接收来自其他簇头的数据时的耗能。

③ 簇头节点发送数据到基站时的耗能。

④ 非簇头节点发送数据给簇头节点的耗能。

本章考虑设置目标函数，另外，本章目标为找到更加合适的簇头节点，为使得节点的能量消耗更加均匀、平衡，传感器节点的剩余能量也应当考虑在内。而对于本章的研究场景，适合要求目标函数的值越小越好，即耗能越小越好。因此，对于另一个影响参数——传感器节点的剩余能量，以取倒数的方式加入适应度函数中，使得当 x^* 作为输入时的输出 $f(x^*)$ 越小，x^*越靠近当前问题最优解。

关于传感器节点能耗的计算与判断，具体分为两个阶段，即簇建立时的能耗和数据传输时的能耗。簇建立时，每个簇头节点消耗能量为：

$$E_{\text{ch1}} = lE_{\text{elec}}(N/K+1) + l\varepsilon_{\text{fs}}d_{\text{toch}}^2 + l\varepsilon_{\text{mp}}d^4 \tag{5-6}$$

式中，l 表示节点发送数据的大小，bit；E_{elec} 是发送或接收 1bit 数据消耗的能量；ε_{mp} 是多路衰减模型的功率放大系数；ε_{fs} 表示自由空间模型的功率放大系数；d 表示节点的广播距离；d_{toch} 为非簇头节点到簇头节点的距离；N 为节点总数；K 为簇头个数。

在簇建立阶段，每个非簇头节点消耗能量的计算如下：

$$E_{\text{noch1}} = 3lE_{\text{elec}} + l\varepsilon_{\text{fs}}d_{\text{toch}}^2 \tag{5-7}$$

式中，d_{toch} 是非簇头节点到簇头节点的距离。在簇建立之后，系统能进入数据传输阶段，这一阶段中，需要簇头发给非簇头节点收发时间表、收集来自非簇头节点的数据并将其发送到基站。因此在此阶段，每个簇头节点耗能如下：

$$E_{\mathrm{ch2}} = lE_{\mathrm{elec}}N / K + l\varepsilon_{\mathrm{mp}}d_{\mathrm{toBs}}^{4} \tag{5-8}$$

式中，d_{toBs} 是簇头节点到需要传送到达的基站的距离。相对应的非簇头节点需要接收来自簇头节点的时间表，并将数据传输到簇头节点。每个非簇头节点耗能的计算如下：

$$E_{\mathrm{noch\,2}} = lE_{\mathrm{elec}} + l\varepsilon_{\mathrm{fs}}d_{\mathrm{toch}}^{2} \tag{5-9}$$

由公式（5-9）可知，在计算能量时，有部分计算项为常数，结合节点剩余能量，可得目标函数如下：

$$\begin{cases} \sum_{i=1}^{K}(2l\varepsilon_{\mathrm{fs}}) \times \sum_{j=1}^{N/K} d_{\mathrm{toch}i}^{2} + \varepsilon_{\mathrm{mp}}l[(x_{\mathrm{o}i} - x_{\mathrm{BS}})^{2} + (y_{\mathrm{o}i} - y_{\mathrm{BS}})^{2}]^{2} + 1/E + l\varepsilon_{\mathrm{fs}}\sum_{j=1}^{N/K} d_{\mathrm{toch}i}^{2} \\ d_{\mathrm{toch}i}^{2} = \sum_{j=1}^{N/K}(x_{ij} - x_{\mathrm{o}i})^{2} + (y_{ij} - y_{\mathrm{o}i})^{2} \end{cases} \tag{5-10}$$

式中，$d_{\mathrm{toch}i}$ 是第 i 个非簇头节点到簇头节点的距离；E 表示节点的剩余能量。

（3）基于麻雀算法的簇头选举

根据问题背景，本章考虑利用群智能算法中的麻雀算法在无线传感器网络节点中寻找最优簇头。在寻优中初始化种群的阶段，以随机选取五个点作为一组的方式初始化麻雀种群，随后在保证“最优解”中的 k 个 ID 数各不相同的情况下，根据适应度函数即目标函数式（5-10）逐步更新麻雀种群中的发现者、跟随者、侦查者的位置。分簇算法中麻雀寻优的具体工作流程如图 5-3 所示，其中判断是否结束寻优的条件是是否达到了最大更新迭代轮数。

在麻雀寻优的过程中，首先在备选节点集合中，随机产生 pop 个 x_i（x_1，x_2，…，x_k）作为麻雀算法中的初始化输入，其中 pop 就是麻雀算法中设定的种群数量，k 为簇头的个数，即麻雀算法中需要求解的最优解的维度，x_i 的表现形式是对应簇头节点的 ID 编号，而且互不相同。

随后，根据麻雀算法的设定，选定发现者、跟随者，随机选取麻雀进行侦查，并逐一在已知的节点编号范围内，根据适应度函数，即目标函数公式（5-10）更新位置，对 x_i 进行判定，逐渐向最优的簇头集收敛，同时保证每一轮的更新中 x_i 的元素都为整数，而且在每一次更新得到的 x（x_1，x_2，…，x_n）中，对应的节点 ID 都各不相同。在麻雀算法寻优的迭代次数达到设定值之后，输出对应的编号 x^*（x_1^*，x_2^*，x_3^*，x_4^*，…，x_k^*），即得到每一轮传输数据时的最优簇头节点集。在本章所应用的实验场景中，设定出现第一个死亡节点后停止数据传输。而在实际应用场景中，系统将结合无线传感器网络的实际背景，当死亡节点占据一定比例后才会停止数据的传输。

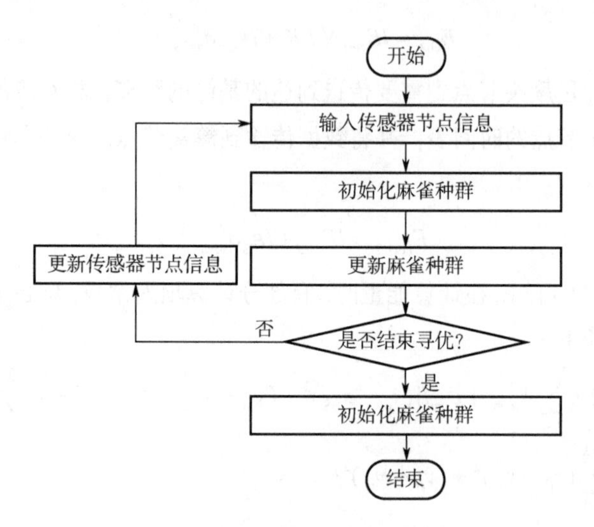

图5-3 分簇算法中麻雀寻优过程

其中，麻雀在寻优过程中的每一次更新，都应当在已经设定的节点范围内，不能出现无线传感器网络中不存在的点。同时，在下一轮寻优的备选节点中，不能包含已经被选为簇头的节点，直到节点已全部被选为簇头。

因此，本章预先设定每个节点有不同的整数 ID，麻雀算法寻优时设定的上限（ub）与下限（lb）是对应的，即无线传感器网络中节点 ID 的范围，以确保麻雀种群可以在传感器节点集中搜索。

在麻雀算法中，将初始化的 pop 个种群分为发现者、跟随者、侦查者，这三类麻雀在种群中各有分工。其中，发现者就如其名字所描述的，在种群中主要负责搜索食物；跟随者则是跟随发现者中的一只麻雀来觅食；侦查者则负责警戒侦查，并在察觉到危险时，放弃食物。

在麻雀算法迭代过程中，以适应度函数，即公式（5-10）为目标更新位置，为避免出现小数超出已有的节点范围，设定将更新后的输出转为 int 类型。

发现者更新如公式（5-11）：

$$x_{i,d}^{t+1}=\begin{cases}\text{int}\left[x_{i,d}^{t}\exp\left(\dfrac{-i}{\alpha\times \text{iter}_{\max}}\right)\right], & R_2<ST\\ x_{i,d}^{t}+Q, & R_2\geqslant ST\end{cases}\tag{5-11}$$

式中，t 为当前迭代次数；α 为[0, 1]之间的均匀随机数；$iter_{max}$ 为最大迭代次数；$R_2 \in [0, 1]$和 $ST \in [0.5, 1]$分别表示预警值和安全值；Q 是服从标准正态分布的随机数。当 $R_2 < ST$ 时，这意味着此时的觅食环境周围没有捕食者，发现者可以执行广泛的搜索操作。如果 $R_2 \geqslant ST$，这表示种群中的一些麻雀已经发现了捕食者，并向种群中其他麻雀发出了警报，此时所有麻雀都需要迅速飞到其他安全的地方进行觅食。

跟随者更新如公式（5-12）：

$$x_{i,d}^{t+1}=\begin{cases}\operatorname{int}\left[Q\exp\left(\dfrac{x_{\mathrm{w}i,d}^{t}-x_{i,d}^{t}}{i^2}\right)\right] & , i>n/2\\ \operatorname{int}\left[x_{\mathrm{b}i,d}^{t}+\dfrac{1}{D}\sum\limits_{d=1}^{D}\left(\mathrm{rand}\{-1,1\}\left(\left|x_{\mathrm{b}i,d}^{t}-x_{i,d}^{t}\right|\right)\right)\right] & , i\leqslant n/2\end{cases} \tag{5-12}$$

式中，Q 是符合标准正态分布的随机数；i 是第 i 个个体；d 是当前维度，取值从 1~D；D 是位置的维度；x_{w} 是当前最坏位置；x_{b} 是当前最优位置。

侦查者更新如公式（5-13）：

$$x_{i,d}^{t+1}=\begin{cases}\operatorname{int}[x_{\mathrm{b}i,d}^{t}+\beta(x_{i,d}^{t}-x_{\mathrm{b}i,d}^{t})], & f_i\neq f_{\mathrm{g}}\\ \operatorname{int}\left[x_{i,d}^{t}+K\left(\dfrac{x_{i,d}^{t}-x_{\mathrm{w}i,d}^{t}}{\left|f_i-f_{\mathrm{w}}\right|+\varepsilon}\right)\right], & f_i=f_{\mathrm{g}}\end{cases} \tag{5-13}$$

式中，β 表示步长控制参数，是服从均值为 0，方差为 1 的正态分布随机数；K 是[−1，1]之间的一个随机数，表示麻雀移动的方向，同时也是步长控制参数；ε 是一个极小常数，以避免分母为 0 的情况出现；f_i 表示第 i 只麻雀的适应度值，f_{g} 和 f_{w} 分别是当前麻雀种群的最优和最差适应度值。当 $f_i \neq f_{\mathrm{g}}$ 时，表明该麻雀正处于种群的边缘，极易受到捕食者攻击；当 $f_i = f_{\mathrm{g}}$ 时，表明该麻雀正处于种群中间，由于意识到捕食者的威胁，为避免被捕食者攻击，及时靠近其他麻雀来调整搜索策略。

由于本章的研究目标是对不同的分簇找到各自的簇头，这要求麻雀找到的 x_i（x_1，x_2，…，x_n）中的每一个元素，都各不相同。为了避免麻雀更新位置时，会发生 x_i（x_1，x_2，…，x_n）元素重复的现象，本算法在普通的麻雀算法基础之上，加入了防止解内元素重复的机制，如果 x_i（x_1，x_2，…，x_n）内有元素，且互相重复，将重新生成一个符合正态分布的随机数，然后对 x_i（x_1，x_2，…，x_n）进行更新，以此类推，最后计算出最优的簇头节点集合。

（4）簇更新与簇轮换

在簇头选举的环节结束之后，本章所提算法将已选为簇头的节点进行标识，表明这些节点已经被选为簇头节点。随后通过遍历无线传感器网络中的所有传感器节点，将所有非簇头节点以就近原则加入对应的簇头，形成分簇。结合基站位置和簇头节点与非簇头节点的距离，本章所提算法的分簇，通常表现为在距离基站较远的范围簇半径更大、在距离基站较近的位置簇半径更小。在节点分簇完成后，无线传感器网络进行数据的传输，随后更新无线传感器网络中的节点的能量参数，并判断是否有节点死亡，如果有节点死亡，本算法将停止运行。在实际应用场景中，可以设定一定比例的节点死亡后，停止网络的工作。

本章提出的基于麻雀算法的非均匀分簇算法，其伪代码如表 5-2 所示。

表5-2　非均匀分簇算法伪代码

Algorithm 1 非均匀分簇算法

Input：区域内节点个数、节点组、麻雀算法种群数
Output：最优簇头组

```
1: function MTEST(n, S, pop)
2:     for x_i←1 to pop do
3:         x_i←random(dim)
4:         for j←1 to dim do
5:             x.add(x_i)
6:             x. add(S(x_i).xd)
7:         end for
8:     end for
9:     fit[x_i] ← fobj(x[x_i, :] X, S)
10:    pFit ← fit
11:    pX ← x
12:    f Min← min(p Fit)
13:    for t ← 1 to pop do
14:        worse ← max (p Fit)
15:        r_2 ← random(1)
16:        update best X
17:     end for
18:     return best X
19: end function
20:
21: function FOBJ(x[],X[ ],S[])
22:    m ← len(x)
23:    n ← len(x[0])
24:    update fitness
25:    return fitness
26: end function
```

5.4 实验与论证过程

首先通过随机函数在（0，0）~（100，100）之间的位置范围设置 100 个节点，如图 5-4 所示，x 与 y 对应着传感器节点在坐标中的位置。

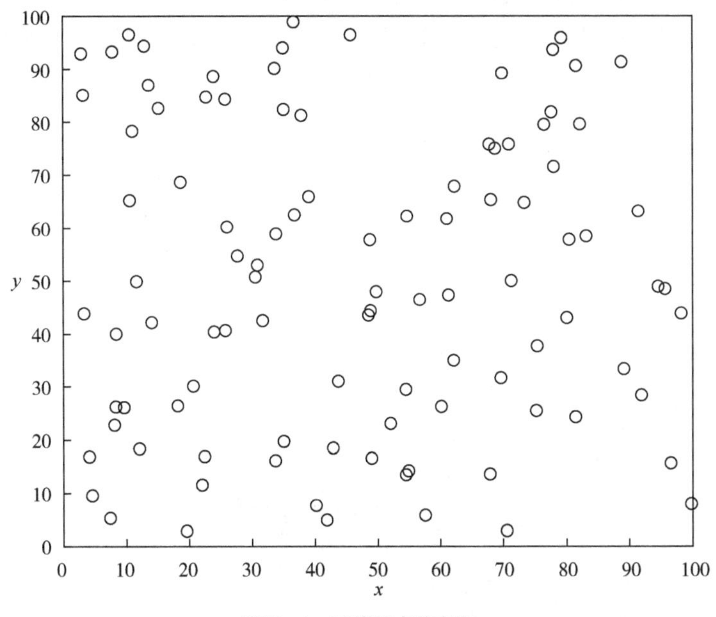

图5-4 网络节点分布图

坐标轴上每一个单元格为 1m，传感器节点不规则地分布在 100m 以内的场景中。为模拟传感器节点的传输，实验在随机创立 100 个节点后，将各个节点的能量都初始化为 0.3J，节点标识初始化为"N"，基站位置设置为（100，150），同时设置其他相关参数如表 5-3 所示。

表5-3 网络参数含义

参数	参数含义	设定值
l	传输的数据包大小	50bit
E_{elec}	发送/接收 1bit 数据的耗能	50nJ/bit
N	网络节点总数	500
K	网络簇头个数	5
ε_{fs}	自由空间模型功率放大系数	10pJ/（bit·m^2）
ε_{mp}	多路衰减模型的放大系数	0.0013pJ/（bit·m^2）
d	广播距离	90 m

每传输一轮数据结束之后，簇头节点和非簇头节点分别减去本轮传输中消耗的能量，更新各个节点的剩余能量，同时将本轮成为簇头节点的节点标识改为“C”，下一轮的簇头寻优不再将其纳入寻优的范围，直到所有节点的标识都为“C”时，将节点标识全部更新为“N”，再进行簇头选举。在选举结束之后，其他节点根据与各个簇头节点的距离，进行分簇，在无线传感器网络中，这 100 个节点在传输数据的过程中的一次具体非均匀分簇结果如图 5-5 所示。其中分簇的具体比例参数的设定参考 LEACH 算法，按照 0.05 的比例分为 5 簇。

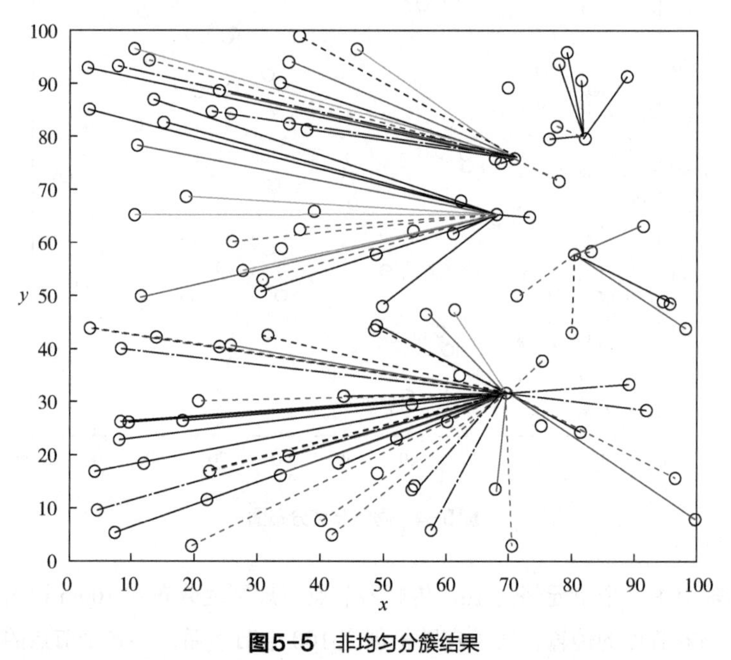

图5-5 非均匀分簇结果

由图 5-5 可知，本章所提非均匀分簇算法的特点，是距离基站较远的节点簇半径较大，而距离基站较近的节点簇半径较小。因此，本章所提算法的簇头选举和非均匀分簇结果满足优化的目的：根据节点能量和节点与基站的距离进行合理分簇，防止距离基站较远的簇头节点耗能更多，造成节点耗能不均衡。

从无线传感器网络的整体耗能角度看，同一无线传感器网络环境下，不同轮数、不同算法对应的整体无线传感器网络耗能的对比如图 5-6 所示。

由图 5-6 可知，随着轮数的增长，无线传感器网络的耗能会逐渐增加，其中 LEACH 算法在接近 300 轮时会出现能量耗尽的情况。在不同运行轮数下对应的耗能总量对比中发现，本章所提出的结合麻雀算法的非均匀分簇寻优算法（SSA 算法）与 LEACH 算法、DEBUC 算法相比都体现出了耗能小的特点，具有良好的性能。

在无线传感器网络环境设定一致的情况下，LEACH 算法、DEBUC 算法、本章所提出的结合麻雀算法的非均匀分簇寻优算法在不同运行轮数下，簇头节点的具体耗能情况如图 5-7 所示。

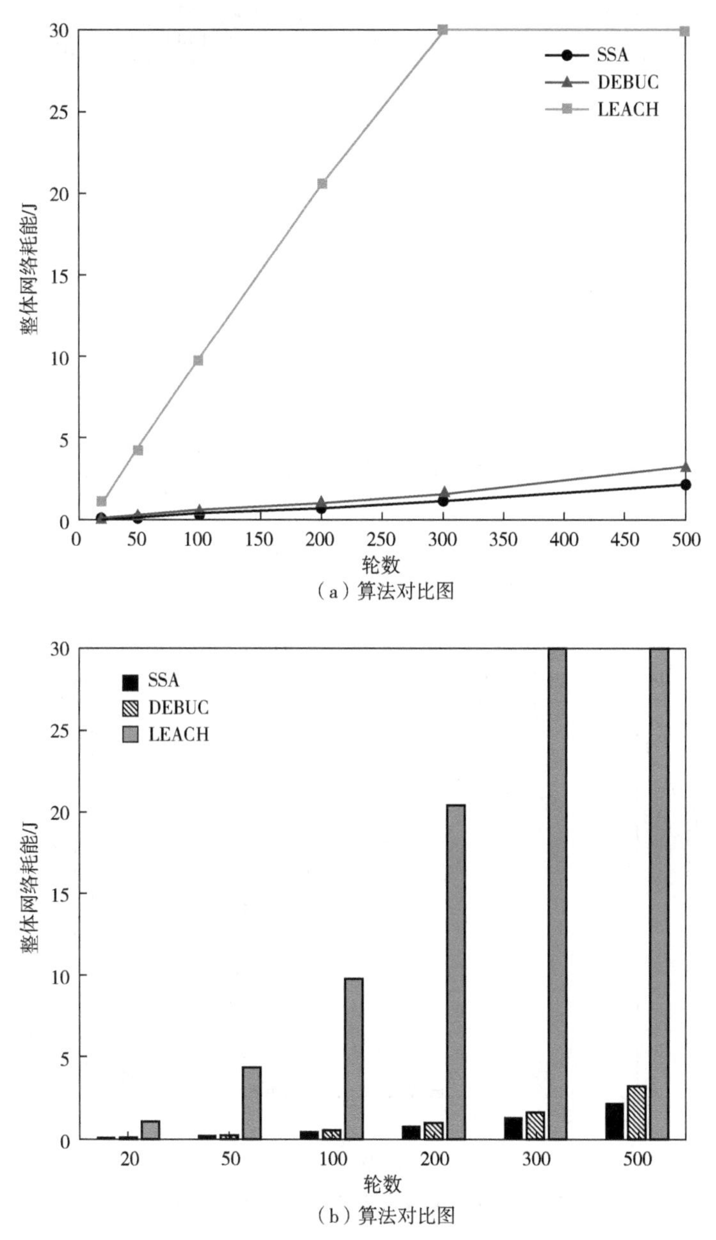

（a）算法对比图

（b）算法对比图

图5-6　各算法整体耗能对比图

由图 5-7 可知，本章所提算法从簇头节点耗能情况来看，与 LEACH、DEBUC 对比，耗能更小，性能更好。在轮数不同的情况下，其性质与整体网络耗能一致，即传输数据的轮数越多，耗能越大。

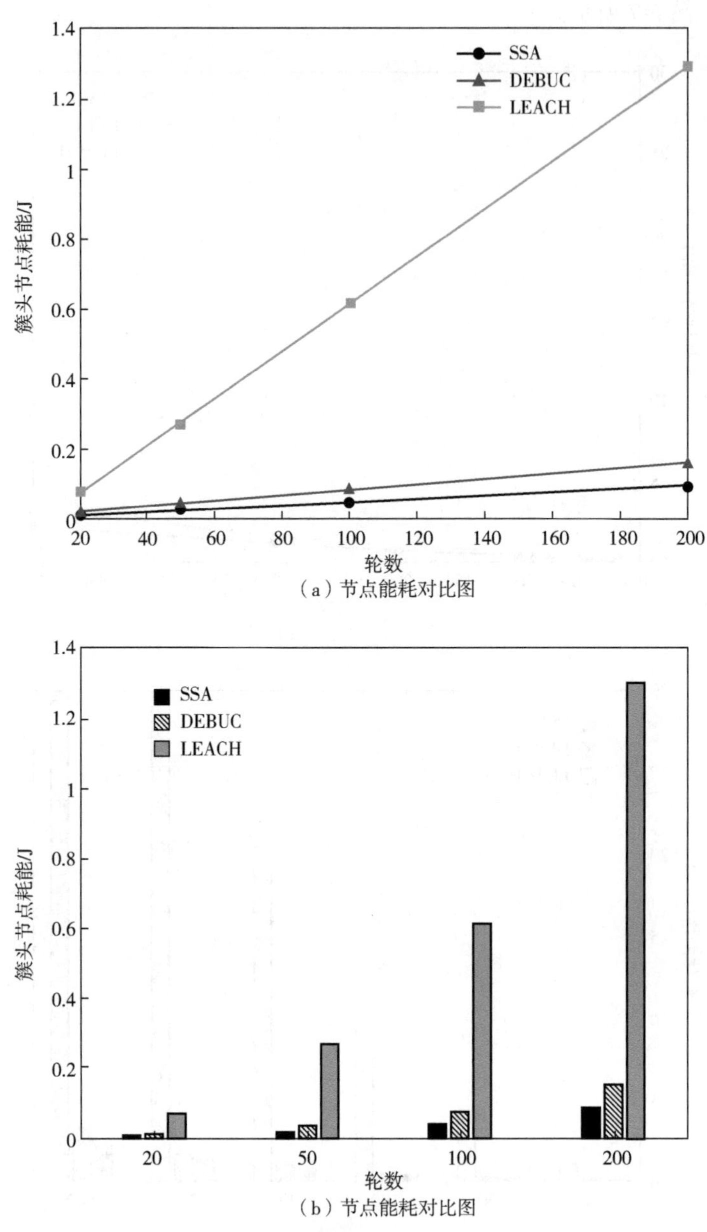

（a）节点能耗对比图

（b）节点能耗对比图

图5-7 各个算法作用下的簇头节点耗能情况

在节点耗能是否均匀方面，本章将数据传输的轮数固定为20，且无线传感器网络的初始化设定全部一致的情况下，将本章所提的结合麻雀算法的非均匀分簇寻优算法与均匀分簇算法LEACH算法、非均匀分簇算法DEBUC算法做对比实验，得到结果对比如图 5-8 所示。

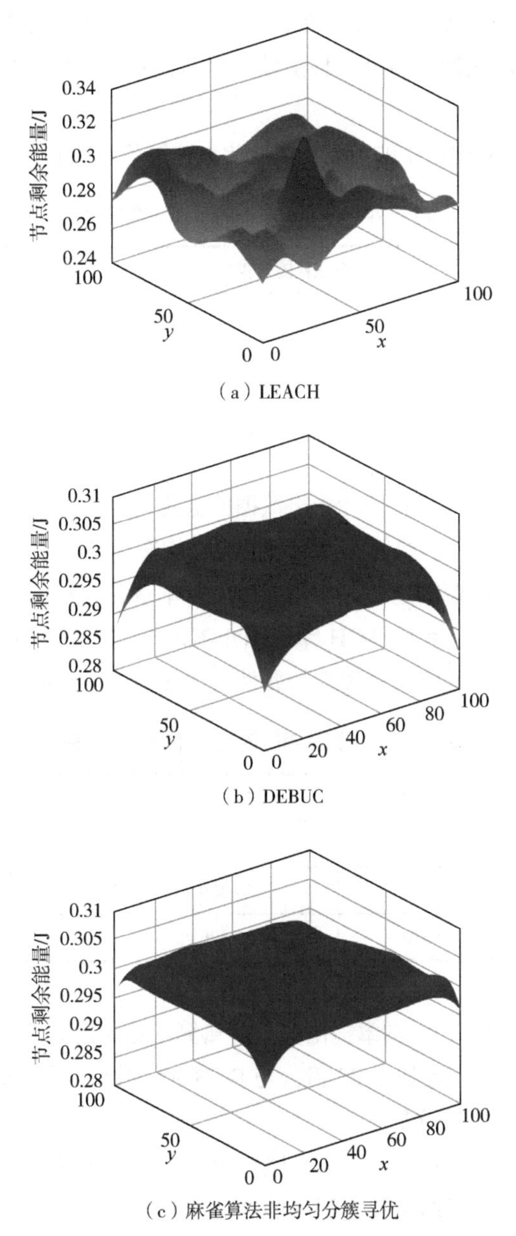

（a）LEACH

（b）DEBUC

（c）麻雀算法非均匀分簇寻优

图 5-8　各算法运行后节点剩余能量对比

图 5-8 中，x、y 轴表示节点的位置，z 轴表示节点的剩余能量。由对比结果可知，在 LEACH 算法的应用下，网络内节点能量在 0.06～0.16J 之间，在 DEBUC 算法的应用下，网络内节点的能量在 0.28～0.3J 之间，在本章所提出的结合麻雀算法的非

均匀分簇寻优算法应用下，网络内节点的能量在 0.294 ~0.3J 之间。对比可知，本章所提出的分簇算法，耗能更少、更均匀。其中，DEBUC 算法与本章所提算法考虑距离因素，会导致对应簇的簇头节点耗能较其他节点更为突出，具体表现为图 5-8 中的极小值。

将整个无线传感器网络中的节点能量量化，计算节点耗能的方差，可得到表 5-4。

表5-4　各个算法下的节点耗能方差

分簇方式	节点耗能方差	分簇数
LEACH	1.1399×10^{-6}	5
DEBUC	3.044×10^{-8}	3
麻雀算法	7.311×10^{-9}	5

根据节点耗能方差可以有效地看出数据的稳定性，方差越小代表数据越匀称。由表 5-4 可以看出，本章所提算法节点耗能更加均衡，利于网络生命的延长。

从整体网络生命周期的延续这一角度来看，本章在无线传感器网络的初始化设置相同的情况下，分别应用 LEACH 算法、DEBUC 算法与本章所提算法到无线传感器网络中，所得对应的网络生命周期等属性对比如表 5-5 所示。

表5-5　各算法对应网络生命周期对比表

算法	轮数	总耗能/J	网络剩余能量/J
LEACH	282	29.099	0.901
DEBUC	5412	29.376	0.624
麻雀算法	6510	27.806	2.194

由表 5-4 与表 5-5 可知，本章提出的与麻雀算法结合的分簇算法，在网络生命周期方面与 LEACH 相比，延长了 23 倍，与 DEBUC 相比，则延长了 1.2 倍，麻雀算法总耗能最少，剩余能量最多。

经实验对比，本章所提的非均匀分簇路由算法，有效提升了无线传感器网络的生命周期，极大降低了网络传输过程中的能量损耗。

5.5　本章小结

本章在已有的非均匀分簇路由算法的基础上，结合麻雀算法，对网络中所有节点进行寻优，找到合适的节点集合作为当前数据传输的簇头。通过实验对比可知，本章所提算法使得网络中传感器节点耗能更加均匀，且减少了每一轮数据传输的整体耗能，符合非均匀分簇路由算法的优化标准。

本章所提的非均匀分簇算法可以广泛应用在任意无线传感器网络场景中。另外，由于本章的非均匀分簇算法是与麻雀算法结合所得，其中麻雀算法寻优的具体过程还可以继续优化，使得所得最优解更符合全局最优值，因此本章所提的非均匀分簇方法有着继续优化的空间。

第6章 农业物联网中的路径规划研究

当今世界的科学技术发展得越来越先进，无人驾驶拖拉机系统也逐渐应用到农业中，智能化农业器械的发展越来越受到国家的关注与重视。在当前的社会形态中，已经出现了很多组合优化的算法，用来解决无人驾驶拖拉机路径规划的问题，但当前很多算法解决此类问题依旧有局限性。而蚁群算法具备正反馈、自组织等特征，符合路径规划算法研究内容，也紧跟着路径规划向智能化发展的趋势。本章将使用蚁群算法进行无人驾驶拖拉机路径规划与研究，采用栅格方法对拖拉机中所知的一种静态完整的全局路径环境来进行抽象，通过仿照蚂蚁进食的一系列自然的先天行为，将此行为应用并深入到现实中的无人驾驶拖拉机的具体工作场景中，并搜索得出最优或者近似最优的完整全局路径。通过Matlab仿真以及呈现的实验结果可以看出，在已知工作环境的时候，该算法能很快且有效地找出较好的全局路径。对比传统的搜索算法，它有效避免了过早收敛，在灵活躲避障碍的同时又能快速找到最优行驶路径。

6.1 概述

路径规划技术是农业物联网中，无人驾驶拖拉机领域的一个关键方向，是农业中研究人工智能问题的一个重要方面。

无人驾驶拖拉机行驶路径规划这个问题可以简单地定义为：给定一台拖拉机行驶的起点和目标地带，在具有固定或者移动障碍物的情况下，规划好一条能够满足某一个最优准则要求的无碰撞行驶路径，使拖拉机跟随路径从起点到目标点平滑移动。考虑到拖拉机在运动过程中耗能、耗时、运动是非线性的，可以围绕这些方面建立最优准则，比如要求能耗最少、时间最短、路径长度最短。让 FS 代表无碰撞的自由空间，路径规划问题可以描述为：赋予一个开始节点 S 和一个目标节点 E，在 FS 中找到一条连接这两个点并满足最优法则的连续曲线。

6.1.1 路径规划问题的分类

按照环境状况是否发生改变，拖拉机的工作环境可以划分为两种，即静态环境与动态环境。根据无人驾驶拖拉机对环境的熟悉程度，无人驾驶拖拉机的路径规划基本上可以细化为：在已知工作背景下的动态障碍物路径规划；在未知工作背景下的动态障碍物路径规划。此外，路径规划还可以根据规划过程中它们是否能够获得所有的环境状况和运动信息（即所有物体的地理位置和移动信息），将其区域划分为以全局信息为研究背景的路径规划和以局部信息为研究背景的路径规划。全局路径规划的方法就是根据拖拉机获取到的全局环境信息来为其设计一条由起点延伸至终点的运行路径，规划的路径是否准确，主要取决于拖拉机获取的环境信息。全局路径规划的设计规划技术方法一般都可以在网络上找到最佳解，但是还需要提前了解准确的全局路径环境资料。局部路径规划仅仅需要明确地知道在移动拖拉机周围发生的信息，并且在行驶过程中就会对其作出分析处理。传感器收集到的信息被用来更新其内部的环境显示，由此可判断拖拉机在地图上的实时位置以及其他局部障碍物的大小和分布，以便选择从当前节点到某个子目标节点的更好的弧线。

障碍物的形态主要有动态式和静态式两种，局部路径规划属于动态规划，本章中研究的是全局路径规划，它属于静态规划。本章中主要讨论的拖拉机环境应该是一个已知的静态、全局环境。通过对已经指定的起始点和终点之间距离进行充分利用，在这种情况下，离线路径规划可以实现由自己指定起始和近似为最优的路径。

6.1.2 环境建模

进行环境建模能够使计算机更便捷地去进行路径规划工作，而在本章中环境建模是拖拉机路径规划不可或缺的过程。根据工作环境的完整性和环境模型的具体形式去有针对性地选取适合的建模方法。例如，拖拉机所在环境中障碍物的几何特征、大小、数量等，都由应用环境地理信息的各种全面性和应用环境信息模型的各种形态特性来进行确定。综合上述考虑，无人驾驶拖拉机的各种工作化学空间本身就适用于现实生活中的各种物理和电气化学工作空间，路径曲线规划和设计算法所要求处理的这些化学空间，就是对无人环境现象进行高度抽象化的物理空间，称为无人环境抽象模型。环境映射建模就是对从抽象物理二维空间和数学算法角度来进行处理的各种抽象二维空间模型进行环境映射。路径形式检索的分析结果一般都是采用工业环境数据模型文件中的路径形式检索来进行表示。

下面介绍较为常见的两种环境建模技术：可视图法和栅格法。

（1）可视图法

可视性简化图形方法(简称可视图法)主要原理是将一台拖拉机顶点看作一点，取拖拉机顶点、目标的顶点和多边形目标障碍物的各个顶点，将它们相互连接在一起，要求拖拉机和目标障碍物各个顶点之间、目标的顶点和多边形障碍物各个顶点之间，以及每一个多边形障碍物的各个顶点与其他障碍物的各顶点之间要相互连接，并且任何连线都不能直接穿越任何一个障碍物，这样就会产生一张可视图，很明显任意两条直线的端点可见，无人驾驶拖拉机从起点到目标点所经过的路径都是无碰撞路径。对可视图进行搜索，使用优化算法去除若干可有可无的连接，以简化可视图，缩短搜索时间，最终找到一条无碰撞的最优路径。

但是，可视图方法的前提是拖拉机所在环境中的所有障碍物都是已知的，否则不能使用。

在未知障碍物与动态障碍物的情况下需要进行路径计算。而且，这种研究方法在实践中缺少了灵活度。如果障碍物过多，搜索的时间可能会非常长。再者，一旦拖拉机的出发点和目标位置发生了改变，就必须重建可见的视图，比较麻烦。

（2）栅格法

栅格法已经在很多无人驾驶系统中得到应用，是一种较为成功的方法。栅格记录各栅格单元在工作环境特定条件下的工作信息，将无人驾驶拖拉机在各个不同工作环境场合的各种环境条件信息进行分解，分为一系列带有二进制栅格信息的互联网格式信息单元，其中的栅格单元尺寸与大小基本相等。如矩形图 6-1 所示，将图 6-1（a）中的不规则障碍物按一定比例进行划分并组成一个矩形网格，得到了矩形图 6-1（b）。每个使用栅格的节点都可以有两个不同表现空间方式：自主行驶空间和通过障碍物移动空间。通常情况下，我们使用黑色网格来表示障碍物，在栅格数组中用 1 来标记它们，而白色网格则表示自由空间，并在栅格数组中用 0 来标记。在这个栅格的地图中进行搜索，获取最短的路径。虽然该设计方法的表达效率不高，但其简洁性给路径规划的设计与实现提供了许多便利，并且避免了在处理障碍物的边界时进行复杂计算。此外，栅格式地图也易于用户的创建与维护。拖拉机所能感知到的各个栅格信息都是与环境特征相关联的。借助于这张地图，就能够更加方便地进行自身定位与路径的规划。

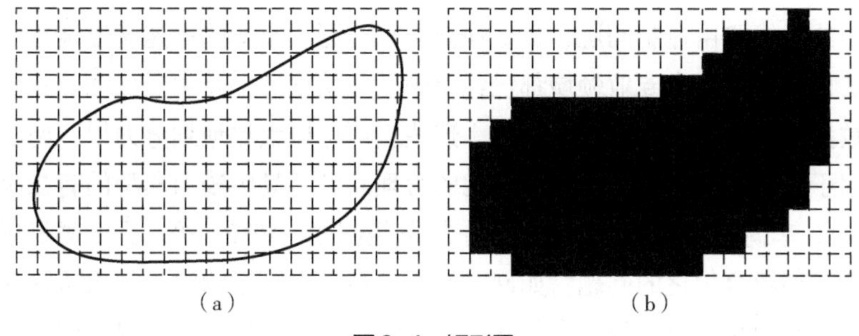

图6-1 矩形图

本章基于无人驾驶拖拉机路径规划问题的环境分析，采用栅格法对拖拉机工作物理环境进行模拟划分，建立了环境模型。为了更好地实现设想的二维路径规划计算方法，本章在对无人驾驶拖拉机的运动空间进行建模时做了以下的假设：无人驾驶拖拉机是在二维有限的空间中进行运动；目前已知的数量有限、不同尺寸的静态障碍物都是均匀地分布在无人驾驶拖拉机运动的空间中。对于一个或多个障碍物，可以简单地使用栅格来描述，而不是完全忽略。同时，在栅格方法的广泛应用中，栅格的尺寸密度划分（即在单位面积内的栅格函数）是非常重要的，直接地影响到环境信息储备的大小及其规划持续时间。栅格颗粒度的大小与障碍物的代数表示成正比，细小的栅格颗粒度会占用大量的存储空间，算法的搜索速度会呈指数增长。但是栅格颗粒度也不能太大，这样会使路径规划的精度大大降低。因此，在选择栅格大小时，应权衡利弊，并考虑实验结果的有效性和优越性。

6.1.3 蚁群算法概述

优化技术是一种基于数学理论和方法的技术，用来研究和解决各种建筑工程中存在的问题。其作为一个重要的信息技术应用分支，在工业系统管理、人工智能、模型自动识别、制造过程调度、计算机信息工程等许多新兴技术应用领域快速地得到推广与应用。鉴于实际的电子工程管理当中存在着诸如复杂性、约束力、非线性以及智能建模难度大等问题，寻找建立一套能够适宜进行大规模的并行性处理以及具备智能化工程特征的智能优化工程算法，正逐渐发展成为当前我国电子相关工程学科主要技术研究者的目标以及引人注目的研究课题。目前，除了时下流行的遗传算法、模拟退火器算法、禁忌搜索算法、人工神经网络等先进的网络技术外，新一代加入的蚁群算法也正逐渐开始不断涌现，为复杂且问题难解的智能操作系统提供服务。这种基于市场的具有竞争性的问题解决模式方案，如蜂巢式的群体管理算法，最初是专门用来进行研究和设计解决大型旅行商问题的，在著名的大型旅行商问题（TSP）和大型工件批量排序管理问题上都已经取得了重要成果，并逐渐向其他各个领域进行渗透，如着色管理问题、大规模的无线集成电路系统设计、通信无线网络设计中的无线路由控制问题、负载均衡管理问题、车辆的高速调度运行问题等。蚁群算法已经在若干个专业领域都已经得到了成功推广，其中最成功的就是在信息组合和数据优化计算方面的广泛运用。这些应用可以大致地划分为以下两类：一类主要应用于企业动态车辆组合系统优化的管理问题，其中较为典型的有二次分配问题（QAP）、车间车辆调度管理问题、车辆路径问题（VRP）等；另一类是应用在网络中的动态和组合优化的问题，如网络路由。通过大量生物实验结果研究显示，蚂蚁可以通过感知和释放一种带有气味的化学物质——信息素来完成不同个体之间的互动交流。在求解一个优化问题的过程中，正是蚂蚁这一特有的行为方式，激励和启发了一些计算机科学家构造新型算法。1991 年，由著名意大利生物学者 Marco Dorigo 首先提出了一种蚁群仿生算法，它是一种基于微机模拟蚂蚁生活群体的常见进食的仿生和自动优化蚁群算法。它以综合利用生物学的信息生殖激素技术为基础，作为帮助蚂蚁筑巢进行个体后续孵化动作的重要依托。在特定反应时间阶段范围内，每只蚂蚁都会根据其他各种蚂蚁的激素反应进行相应的活化反应，依据各种蚂蚁生理信息反应激素的活化浓度和反应强弱，对每一个反应通道口分别进行多条反应途径的精确选取，可以作出有效和极具概率性的科学判断。因此，由大量的蚂蚁所混合组成的一种小群集体进行觅食的心理行为，便必然可以直接表现为一种对于该单一路径的蚂蚁信息反馈进行正向性反馈的心理现象：某一条相同路径走得越短，该条单一路径上已经连续走过的那只蚂蚁就可能会走得越多，则所有遗留下的蚂蚁信息反馈强度就可能会随之变得越大，后来者再次选择这条单一路径时可能发生的概率就会随之变得更高。而且由于蚂蚁各个蚁群个体之间的觅食差异性就是通过个体资料和猎物信息的相互交流，来帮助它们正确选择最短的觅食路径，从而最终达到搜索各类猎物的主要觅食目的。蚁群优化算法也就是一种用于模拟蚂蚁在蚁群这一复杂环节过程中的各类觅食搜索行为的数据优化分析算法，下面我们参考 Marco Dorigo 的研究，以具体案例讲述蚁群算法，结构如图 6-2（a）所示。设 C 为巢穴，D 为食物源，A、B 作为一种障碍物。因为这些障碍物的存在，蚂蚁只能通过 E、A、F 分别到达 D，或者通过 E、B、F 分别到达 D，各个地点之间的时间和距离大致如图 6-2（a）所示，图 6-2（b）中，设每一个单位时间内有 60 只蚂蚁由 C 到 D 点，其中 30 只蚂蚁由 A、F 到达 D 点，另外 30 只蚂蚁由 B、F 到达 D 点。蚂蚁获得穿行素材后所需要留下的一个重要信息是该素材的数量固定为 1。为了方便起见，设该种随机物质的每个停留时间系数分别为 1，在初始时间点的某个特定时刻，由于每个路径 AE、AF、BE、BF 上均不允许其中有任何包含信息素的物质存在，所以所有位于路径 E 和 F 上的每只蚂蚁都同样可以被随机地自行选择停留路径。从生物数据学和统计学的角度可以得出，一个蚂蚁在旅程开始的几个小时以相同的平均概率速度去选择一个新的路径，比如 EAF、EBF，由于路径 EAF 的步行距离和路径长度是

整个 *EBF* 路径的一半，蚂蚁沿着路径 *EAF* 比蚂蚁走 *EBF* 路径要节省一半的时间。随着越来越多的蚂蚁最终选择了 *EAF* 路径，在该条路径中所能遗留下的蚂蚁信息素也逐步增多，这就会反过来诱使其他蚂蚁来得更多，同时促使蚂蚁向其他信息素采集强度相对较高的一条路径继续行驶。经过一个以网络秒数作为时间单位的网络时间后，$t=1$ 时刻，有 40 只大的蚂蚁由 *C* 经由 *EAF* 继续到达 *D*，有 20 只小的蚂蚁由 *C* 经由 *EBF* 继续到达 *D*，随着网络时间的不断变化，两条最短路径的相关信息和激素量之间的大小差异就可能会变得越来越大，直至绝大多数蚂蚁都会选择最短路径 *EAF*，从而快速寻找并达到由一个蚁窝信号发射器送出的食物源最短路径，见图 6-2（c）。通过该实验可以得出一个简单的结论，在相同的时间间隔内，大概率选中短的路线，同时蚂蚁个体之间的信息交换也将成为一个互补和反馈的过程。

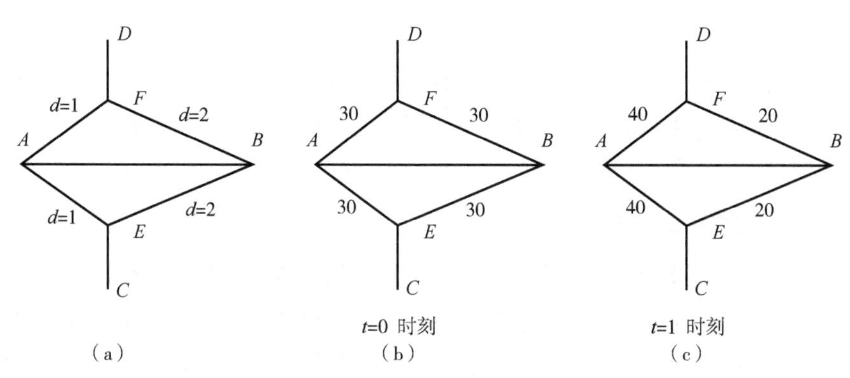

图6-2　蚁群系统示意图

这种用于模拟小型蚂蚁群体觅食行为的蚁群算法主要是作为一种全新的人工智能化计算模式而被引进的，其中寻优机制主要包含两个基本的阶段：适应性层次和协同层次。在相互适应的阶段，各候选解可以根据所积累的信息不断地调整自己的结构，路径上所需要经过的蚂蚁数量越多，信息量也就越大，则这样的路径就越容易由候选人进行选择；在相互协作的阶段，候选人与蚂蚁之间会通过信息进行交流，以期待它们能够产生一个性能较好的解。

6.1.4　基本蚁群算法的数学模型

（1）对蚂蚁个体的抽象

由于这种蚁群模拟算法目前主要是人类模拟生物圈现实蚂蚁集群觅食活动的仿真行为，是一种对蚁群机制的模拟应用，因此，要将对蚂蚁的抽象性转化到现实中来，完全抽象复制它们既不可能也没有必要。抽象性的目标主要是为了使我们能够更有效地描述真正在蚁群中存在的可供本算法参考的机制，同时遗忘和丢弃其他与本算法模型构建无关的影响因素。抽象后的蚂蚁个体被认为是一些简单的智能体，可以相互通信和影响，共同完成所求问题的解的构造过程。

（2）问题空间的描述

由于现在自然界中真正的三维蚂蚁现象是自然存在于三维的空间环境中的，所以这个问题中的空间通常认为是在一个二维的空间平面上计算得到的求解。

在研究中发现很有必要把蚂蚁觅食的整个三维空间进行抽象使其变成一个平面，因为蚂蚁个体进行觅食的二维途径本来就是直接存在于一个二维空间（一个平面或者二维曲面）中。研究中还发现了一个重要的方面，现实中蚂蚁的行走是一个连续的二维平面，使用计算机来完整准确地描述一个连续的平面还不是很理想，因为电脑需要对连续的二维平面进行处理，所以必须要对连续的平面进行离散化。一组点就会形成一个相对离散的物体平面，人工蚂蚁就能够在抽象的点上进行自由的移动。这个抽象过程的最大可行之处就在于，虽然小型蚂蚁正在沿着一个水平线连续运动，但它们的行动始终要经过一个个离散点，因此，抽象的过程仅仅是提升了平面点的离散化的粒度，与蚂蚁进食行为的作用机制没有任何冲突。

（3）寻找路径的抽象

鉴于真蚂蚁在觅食过程中主要依赖于环境中的资料和数量来判断觅食方面，本研究将觅食过程直接抽象成理想化的建立过程，将信息素抽象为平面节点间边上的轨迹指导信息，人工蚂蚁根据路径上信息素浓度的大小确定前进方向。在每个节点，人工蚂蚁都能感知各个节点的边缘及其相邻节点之间的信息素轨道浓度，并根据其浓度来确定它们去往下一个节点的机会。使用任何两个节点来代表蚂蚁（初始节点）和其他食物来源（目标节点）。人工蚂蚁根据一定的状态变化转移的概率从初始节点中挑选出下一个节点，依此类推，最后到达目标节点，由此得出了该实际问题的具体可行性。

（4）信息素挥发的抽象

自然界中真正的蚂蚁在其行走道路上总是不断地遗留下大量的信息素，这些信息素会随着时间的流逝而挥发，是一个连续函数，但是在计算机端为了简化处理，需要对这个连续的过程进行离散化。通常的方法就是每当人工蚂蚁位置更新一次，让信息素以一定比例衰减。这种离散化的信息素模型可以完全模拟自然界蚂蚁的觅食机制。

（5）启发因子的引入

以上几点都是对于真正的蚂蚁觅食活动行为进行抽象模拟，这一模拟过程存在一个缺陷，需要很长的时间去迭代。但是在实践和应用过程中需要严格控制算法的执行时间，因此，在蚂蚁选择下一位置时，引入一个随机过程，即引出启发式的影响因素。根据问题空间的具体特征，对蚁群算法提出了实质性指导。这个步骤的出现大大提高了算法的收敛性，使得蚁群算法的有效应用成为了可能。

不难发现，通过上面所描述的几个抽象化过程，可以构造出蚁群算法的基础模型。它的问题空间以一种图形化的方式被用来对解进行抽象描述，解的建立获取构建过程也是非常具有建设性的，人工智能蚂蚁在利用解的形式建立和获取构建时并不会主动接受任何关于整个全局空间引导的抽象信息，所以整个解的建立获取构建过程也是自我主动组织发展起来的。在重新定义了一些基本规律之后，人工构造蚂蚁便已经可以很好地解决一些无法通过各种示意图形的方式来对其进行对象描述的复杂问题。

在蚁群算法中，蚂蚁个体是蚁群算法的基本单位。个体蚂蚁的知识来自它与其他个体蚂蚁交流和感知周围的环境。因此，个体蚂蚁对知识的储备与积累往往是一个动态的过程。个体蚂蚁能够通过随机的决策和相互配合的机制来自适应地作出并完成它们的评估。这种分布与协调方式就是蚁群算法研究的中心。蚁群算法在数学上有着非常好的自我学习。它使用户能够根据环境的变化与过去行为的结果来重组自己的知识库或者自己的组织架构，从而更好地实现算法的求解技术能力。

6.2 基于蚁群算法的无人驾驶拖拉机的路径规划

6.2.1 环境建模

栅格法是对拖拉机的环境进行建模的常用方法之一，采用此方法对一些障碍物进行膨胀处理，即拖拉机可以沿着障碍物的边界行走，可以避免复杂的曲线计算。在栅格法中，对于栅格粒度的选择尤为重要，粒度越小精确度就越高，储存空间就越大，算法时间越长，搜索空间越大。相反粒度越大，规划的路径就不会太精确。

设拖拉机的行驶步长为 a，则规定栅格的大小为拖拉机的行驶步长即 $a=1$。空间中有障碍物区域和可行驶区域，拖拉机在行驶时可以选择可行驶区域，也可以选择障碍物区域，经过障碍物区域时拖拉机会从旁边绕过。在建模过程中，将对障碍物进行模糊处理，如果一块栅格中的全部或部分被障碍物填充，则认为此栅格为障碍物栅格。

记f为空间区域中的任意栅格，C为所有栅格的集合，其中 tabuk 表示障碍物的集合，任意栅格f属于坐标系中确定的栅格坐标（x，y），记为f（x，y），其中x表示f的行数，y为f的列数。$G=\{1，2，3，\cdots，M\}$为栅格序号的集合，f（1,1）的序号记作 1，f（1,2）的序号记作 2，f（1,3）的序号记作 3，f（2,1）的序号记作 $Nx+1$（Nx是多少列栅格），f_i 的栅格坐标（x_i，y_i）与序号的栅格坐标关系见式（6-1）：

$$\begin{cases} x_i = a[\operatorname{mod}(i, MM) - 0.5] \\ y_i = a[MM + 0.5 - \operatorname{cei}(i / MM)] \end{cases} \tag{6-1}$$

式中，MM 为整个栅格的大小；ceil 为 i/MM 取整数部分；mod 为 i/MM 取余数部分。对于任意的二维地形，拖拉机路径规划要求是使拖拉机从起点以最短路径到达终点，满足起点和终点位于栅格序号的范围内且起点不等于终点，完成栅格法的建模后将蚁群算法作为解决路径规划的方法在 Matlab 中实现。

若搜索空间是二维的 10×10 的栅格地图，网格编号为 1~100。先从左到右，再从上到下，编号 1 为起点，100 为终点。对栅格编号后就可以根据编号找到栅格坐标，这种对应的关系有助于程序运算。如果一个栅格的编号为 10，它的坐标为（9.5，0.5），如图 6-3 所示。

1	2	3	4	5	6	7	8	9	10
11	12	13	14	15	16	17	18	19	20
21	22	23	24	25	26	27	28	29	30
31	32	33	34	35	36	37	38	39	40
41	42	43	44	45	46	47	48	49	50
51	52	53	54	55	56	57	58	59	60
61	62	63	64	65	66	67	68	69	70
71	72	73	74	75	76	77	78	79	80
81	82	83	84	85	86	87	88	89	90
91	92	93	94	95	96	97	98	99	100

图6-3　搜索方向示意图

在栅格地图中 0 表示可以通过，1 表示障碍物，不能通过。

首先，要想构造出路径搜索的最小单元空间，应该先进行路径规划空间的划分。该实验采用网格进行划分，路径由一系列相邻网格节点连接形成，每个行进点的下一节点的搜索范围是以其为中心的 8 个相邻节点，如果拖拉机在栅格序号 15 上时，栅格序号 15 就被认为是九宫格的中心栅格，则下一步拖拉机将从上、右上、左上、下、右下、左下、左、右，向周围共 8 个栅格移动，则下一步移动到栅格的序号为 4、5、6、14、16、24、25、26。见图 6-3。

6.2.2 蚁群优化算法的基本原理及数学模型

（1）状态转移规则

给定蚂蚁个体 k (k=1,⋯,m)，已经访问过的节点存一个禁忌表 tabuk (k=1,⋯,m)，表示其在以后的搜索中将不能访问这些节点。设蚂蚁 k 当前的所在节点是 i，则其中选取节点 j 可以用来作为其下一个被访问物体的概率为：

$$p_{ij}^{k}(t)=\begin{cases}\dfrac{\left[\tau_{ij}(t)\right]^{\alpha}\left[\eta_{ij}(t)\right]^{\beta}}{\sum\limits_{j=\text{allowed}_k}\left[\tau_{ij}(t)\right]^{\alpha}\left[\eta_{ij}(t)\right]^{\beta}}, j\in \text{allowed}_k\\ 0,\ j\notin \text{allowed}_k\end{cases} \tag{6-2}$$

式中，$\text{allowed}=\{C-\text{tabuk}\}$，表示蚂蚁个体可到达的且没有走过的节点的集合，$C$ 为所有栅格的集合；α是信息启发式因子；β是期望启发式因子；τ_{ij} 表示边（i, j）上的信息素量；η_{ij}（t）是一个启发式信息，通常由 $\eta_{ij}(t)=\dfrac{1}{d_{ij}}$ 表示，d_{ij} 为当前节点到下一个节点的距离。

（2）信息素更新

残留信息素的更新处理如下式进行调整：

$$\begin{gathered}\tau_{ij}(t+n)=(1-\rho)\tau_{ij}(t)+\sum_{k=1}^{m}\Delta\tau_{ij}^{k},0<\rho\leqslant 1\\ \Delta\tau_{ij}^{k}=\begin{cases}\dfrac{Q}{L_k}, & \text{第}k\text{只蚂蚁经过节点}(i,j)\\ 0, & \text{第}k\text{只蚂蚁不经过节点}(i,j)\end{cases}\end{gathered} \tag{6-3}$$

式中，$\Delta\tau_{ij}^{k}$ 表示第 k 只蚂蚁从节点 i 到节点 j 的一个路径上所留下的信息素量，它们相当于第 k 只蚂蚁此次迭代路径时间总长的倒数；m 表示蚂蚁个数；L_k 表示每一只蚂蚁路径的长度，为第 k 只蚂蚁在本替换中所行走过的全部节点路径总和；Q 为信息素增加强度系数；ρ表示每一只蚂蚁从节点中释放出来的信息素蒸发系数。

6.2.3 改进的蚁群算法

（1）对数正态分布的定义

定义：对数正态分布是指一个随机变量的对数服从正态分布，则该随机变量服从对数正态分布，即若 $\ln X=N(\mu,\delta^2)$，则称随机变量 X 服从对数正态分布。

从基本概念就能发现，对数正态分布和正态分布两个函数之间密不可分。

令 $\varphi(x)$ 、$\varphi(y)$ 分别表示正态分布的分布函数和概率密度，其中

$$\varphi(y)=\frac{1}{\delta\sqrt{2\pi}}\mathrm{e}^{\frac{-1}{2\delta^2}\left(y-\mu^2\right)},y\in R \tag{6-4}$$

$Y=\ln x-N\left(\mu,\delta^2\right)$，则 $X=\mathrm{e}^Y$ 且 $Y\sim N\left(\mu,\delta^2\right)$，于是当 $x>0$ 时

$$F_X=P(X<x)=P\left(\mathrm{e}^Y\leqslant x\right)=\varnothing(\ln x)$$

从而 $f_x(x)=F_X'(x)=\frac{1}{x}\varphi(\ln x)=\frac{1}{\delta\sqrt{2\pi}}\mathrm{e}^{\frac{-1}{2\delta^2}(\ln x-\mu)^2}$，当 $x\leqslant 0$ 时，得到 $f_x(x)=0$

故对数正态分布函数的概率密度函数为

$$f_x(x)=\begin{cases}\frac{1}{x\delta\sqrt{2\pi}}\mathrm{e}^{\frac{-1}{2\delta^2}}(\ln x-\mu)^2, & x>0\\ 0, & x\leqslant 0\end{cases} \tag{6-5}$$

（2）对数正态分布函数的信息素蒸发系数的改进方式

蚂蚁个体间的影响程度取决于信息素蒸发系数ρ、全局搜寻能力的大小和算法在整个路径上的收敛率，决定因素还是信息素数量的多少。若信息素蒸发过多，很大可能会再次选择之前搜索过的路径，这样就降低了该算法在整个全局搜索中的效率。相反，信息素的蒸发系数 ρ越小，全局搜索的能力就越强，但算法的收敛速度较慢。

之所以根据对数正态分布函数的定义去改良信息素蒸发系数 ρ，是因为信息素蒸发量的变化紧紧跟随时间的改变，随着迭代次数不断变化，ρ 的值不断服从对数正态分布函数。在寻找最优地图路径的整个操作过程中，为了大大地增加很多蚁群对于选择最优路径的深度随机性，提高了很多蚂蚁的全局深度搜索地图能力，避免陷入局部最优。本书对信息素蒸发系数 ρ 进行如下改进：

$$\rho=\frac{1}{\sqrt{2\pi}\delta k^{\frac{1}{2}}}\mathrm{e}^{\frac{-1}{2\delta^2}\left(\frac{\ln k}{2}-\mu\right)^2},k\in K \tag{6-6}$$

其中，k 表示最大迭代次数，设 $k^{\frac{1}{2}}$ 是一个服从对数正态分布的随机变量；记为 $k^{\frac{1}{2}}\sim\ln\left(\mu,\delta^2\right)$，$\mu$ 与 δ 分别是变量对数的平均值与标准差。设μ、δ 为常数，对数正态分布函数 $\ln\left(\mu,\delta^2\right)$ 的曲线随着 k 的增大，ρ逐渐减小并趋近 0。本书中取μ=0。在多次的计算机仿真实验中 δ=1 时，算法的收敛性相对来说比较好。图 6-4 是μ=0，δ=1 时的信息素蒸发系数ρ 对数正态分布图像。

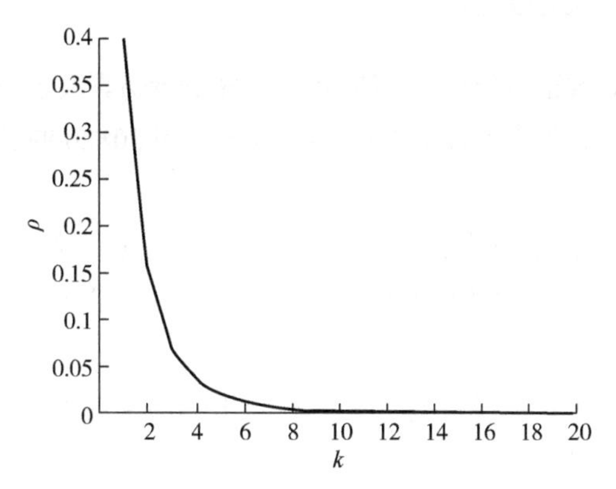

图6-4　信息素蒸发系数对数正态分布图像

（3）改进信息素增加强度系数

要想更全面地利用最优路径并让它产生较高的信息素，对信息素增加强度系数 Q 进行如下调整：

$$Q = Q_0 + \ln k \tag{6-7}$$

式中，Q_0 为信息素增加强度系数初值，是一个常数，k 为蚁群的迭代次数（指蚂蚁出动的次数）。方程式意味着信息素的增加强度与迭代次数呈正反馈关系，可有效避免过早陷入局部最优，提高了改进后算法的全局最优路径的搜索能力。

6.3　算法实现与仿真

蚁群算法（ACO）的主要步骤如下。

步骤一：二维的环境建模，把栅格地图转换成邻接矩阵；

步骤二：初始化实验数据；

步骤三：将 m 台拖拉机置于起始点 S（0.5，0.5）处准备；

步骤四：拖拉机由当前节点选择下一个节点，这样迭代下去，最后到达终点 T（19.5，19.5），得到最优路线；

步骤五：对行驶区域中的节点来改进信息素蒸发系数和信息素增加强度系数，再进行信息素浓度的更新，并记录当前迭代次数的最短路径；

步骤六：若没有达到迭代次数，则回到步骤四继续进行，直到满足迭代条件，否则，终止运算，输出最优解。

6.3.1 Matlab 仿真与分析

对本章中基于对数正态分布函数的ACO算法进行仿真实验，使用PC为戴尔电脑，系统为Windows10，软件为MatlabR2018A，实验采用20×20的二维静态栅格地图。

参数分析：

① 信息启发式因子α的数值越高，拖拉机选择之前行驶过的高速路径的可能性越大，搜索各种途径的时间随机性也就越低，搜索区域范围也就随之缩小，容易导致出现搜索局部最优。

② 期望启发式因子β越大，拖拉机越容易选择局部最短的路径，算法的收敛速度加快了，但随机性不高。

③ 拖拉机数量m越多，得到的最优解越精确，但会生出很多重复解，随着算法接近最优值，信息的正反馈作用下降，增加了时间的复杂度。

④ 信息素增加强度系数Q越大，则拖拉机在路径上释放的信息素就越多，信息素的正反馈作用对拖拉机的选择越强烈，使运算速度越快，收敛越早，同样也容易陷入局部最优。

⑤ 迭代次数k越小，算法得到的最短路径不一定是最优路径；k越大，算法的迭代时间越长。本章算法参数设置如表6-1所示。

表6-1　本章算法的参数设置

k	m	α	β	Q_0
500	50	1	8	0.8

6.3.2 结果分析

在同一种实验环境下研究最优路径规划问题时，将经典蚁群算法和基于对数正态分布函数的改进后的蚁群算法分别显示的实验结果进行比对探究，参照图6-5与图6-6，能发现蚁群算法融入对数正态分布函数后的避障能力增强。

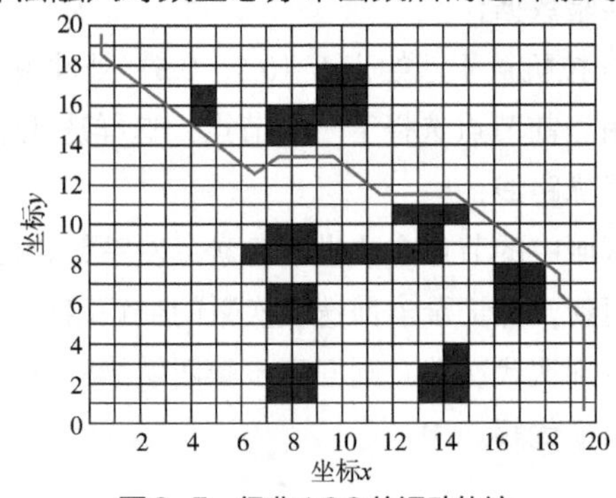

图6-5　经典ACO的运动轨迹

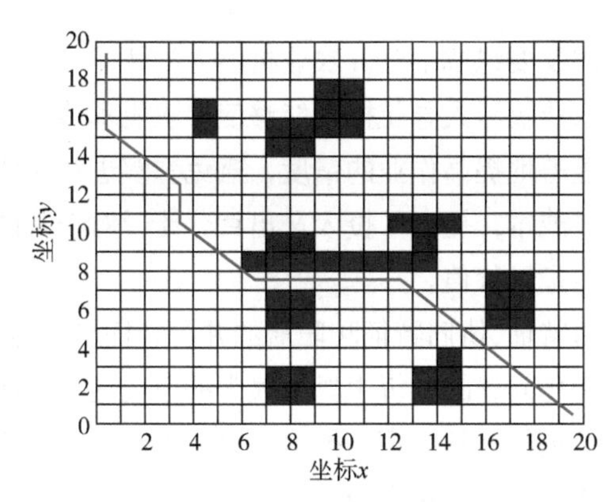

图6-6　改进后的ACO的运动轨迹

观察图 6-5 与图 6-6 能够发现，路径转折这方面，改进后的 ACO 略胜一筹，比经典 ACO 少四个转折，且改进后的 ACO 的曲线收敛速度和振动幅度也都优于经典 ACO，证明了改进后的 ACO 是卓有成效的。

如图 6-7 和表 6-2 所示，实验结果表明：本章提出的改进 ACO 比经典 ACO 的最短路径还少了 12.3%，收敛速度也提升较快，从而提高了全局搜索的效率。

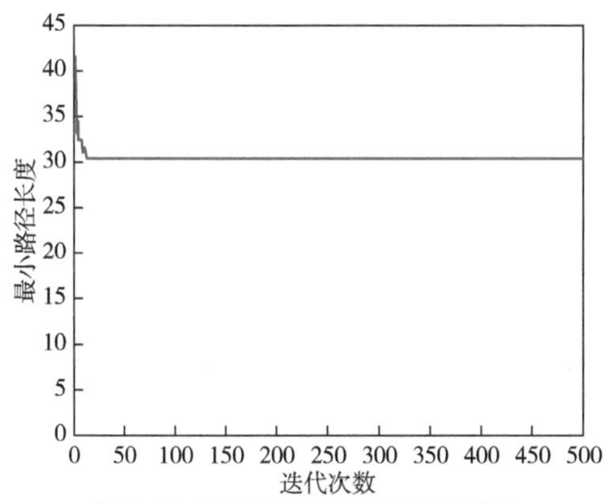

图6-7　经典ACO收敛曲线变化趋势

表6-2　本章算法与经典ACO的实验数据比较

算法	最小路径长度	收敛迭代次数
经典 ACO	34.63	190
本章改进的 ACO	30.38	20

6.4　本章小结

实现农业作业机器人的自动化、信息化、智能化，是农业物联网进步的重要依据。作为农业物联网的重要组成部分，农业机器人的智能导航技术也日益得到广泛的关注。采用先进的农业机器人导航技术能够使得农机本体和驾驶员从简单而重复的劳务中解脱出来，显著地提高作业的精度，避免重复进行作业，提高了农业资源的利用率，降低了生产成本，提高了投入产出百分比，对于我国现代农业的建设与发展都具有非常重要的指导价值。

蚁群算法的正反馈特征、协同特征和隐藏的并行特征使其拥有极大的发展潜能，灵活度使其在对组合优化问题的分析中具有很强的适应性，因此将蚁群算法广泛地应用于无人驾驶拖拉机路径规划的相关技术研究，能够帮助探索和改进新型的路径优化算法，促进优化技术的理论和实践，并为我国社会主义市场经济等领域和其他行业的优化提供了借鉴。

在复杂的环境下，传统蚁群算法收敛速度慢、易陷入局部最优，本章引入了对数正态分布函数改进信息素蒸发系数的蚁群算法。通过 Matlab 仿真实验，结果表明传统的蚁群算法在搜索路径长度方面比改进的蚁群算法的搜索路径长度多了 12.3%，改进后的算法有效地降低了迭代次数，提升了收敛速度，从而改善了蚁群算法在整个网络中的搜索效率。

第7章 农业物联网中的轨迹预测模型

在农业物联网中，亟须设计高精度的轨迹预测模型，本章在第5章的基础上，即解决了无线传感器网络中能耗优化问题后，提出一种基于分数阶累加灰色模型的轨迹预测模型，运用改进的粒子群算法寻求最优 r 值及 q 值，训练出的最优值使得模型在轨迹预测上得到了较好的精度和收敛效果。

7.1 概述

随着互联网、物联网等技术的不断更新发展，越来越多的定位模块以及车载传感器都变得智能化，获取数据的技术也更加发达；另外我国的经济水平不断提高，各类汽车每天行驶在不同的道路上，产生了许多的行车轨迹数据，可以将不同时间采集到的车辆位置信息集中起来，构成一段轨迹时间序列，通过对这个序列挖掘分析，充分利用这些宝贵的数据，就可以在方方面面为人们带去极大的便利。在交通控制系统、军事化作战、无人驾驶车辆等领域中，用户都需要及时地查看目前移动对象的位置信息，精确、可靠的轨迹预测具有极高的应用价值，轨迹预测不仅可以提供下一个时间段的位置信息，而且还可以根据预测的位置信息控制行进状况，从而提醒驾驶者对未来一段时间的行进进行决策和调整。它已经成为当代社会的一大热点问题，尤其在智慧农机领域，亟须设计准确、高精度的轨迹预测模型，结合农业物联网技术，为农机无人驾驶开辟道路，提高工作效率，为广大农民提供生产的便利以及更好的经济收益。

轨迹预测的难度在于机器行驶中难免会遇到一些未知的情况，例如地面状况、天气原因、周围人物车辆等，如何解决这些问题是轨迹预测的关键所在，轨迹预测一直都是国内外关注的焦点问题，国内外的很多学者也对此进行了大量有建设性意义的研究。总体来说，现阶段轨迹预测方法可分为统计概率模型和人工神经网络模型。统计概率模型主要有马尔科夫模型预测、高斯混合模型预测、卡尔曼滤波预测、灰色预测模型等；人工神经网络模型主要是通过一些参数调整来处理较为复杂的轨迹数据，常用于行人轨迹预测。

一阶马尔科夫预测模型仅考虑了当前的轨迹点对于未来轨迹点的影响，没有充分地利用历史轨迹数据，因此预测的准确率比较低；而在高阶马尔科夫预测模型中，增加了模型计算的复杂度，面对海量的轨迹数据时，不适用于数据的训练学习。传统的高斯混合模型对客观环境因素的自适应性较差，张海基等提出了一种基于环境约束的不确定轨迹数据预测算法，将环境信息考虑进轨迹数据，然后基于高斯混合模型对车辆轨迹实时预测，相比于传统高斯混合模型更符合现实情境。高建等提出基于概率分布模型的高斯混合-时间序列模型，动态计算子模型权重，有效避免子模型的不稳定性对预测结果产生干扰，但其对子模型的单独训练也增加了时间代价，不利于实时预测。卡尔曼滤波适用于短时间的轨迹预测，长时间的轨迹预测由于预测误差的增大，会严重影响其准确性，并且模型复杂性也增加；另外在考虑影响对象运动行为的主客观因素上稍有欠缺，导致实际应用时精度不高。灰色预测模型较其他预测模型的最大优点就是不用考虑一些未知因素对于模型的影响，灰色介于白黑之间，一部分信息已知，一部分信息未知，非常适合数据量不完备或不确定的情况。人工神经网络模型适用于应对复杂的数据处理，对数据的质量要求较高，能够获得比较好的训练效果，但其复杂的训练过程也增加了预测时间，并且对影响轨迹预测结果的随机性因素研究还不够深入。

7.2 轨迹预测模型

轨迹预测十分复杂，有很多可以影响到其预测精度的未知因素，因此，可以将轨迹数据集看成是一种具有不确定性的复杂系统。对于这种系统，应用灰色模型预测往往有着更好的建模效果，而且在轨迹预测的领域存在诸多研究。常见的灰色预测模型有 GM (1,1)、GM (1,N)、分数阶累加 GM 等单变量和多变量灰色预测模型，在工业、农业、交通等领域均得到了广泛应用。

结合轨迹预测，钱睿等人提出加以优化的灰色预测模型，根据实际场景动态地设置发展系数 a，取代了最小二乘法，转换为残差或残差百分比的最小化问题，即有约束条件的非线性规划问题，从而大大提高了轨迹预测的精确度。Jiang Y 等人提出一种基于加权灰色 GM（1,1）模型的动态轨迹预测算法（TR_GM_PR 算法），根据各子轨迹的平均相对误差设置各子轨迹预测值权重，实验表明能够有效提高动态轨迹的预测准确率，适用于短期预测。

GM（1,1）模型是灰色系统中最常见的预测模型，其理论研究已相对成熟，针对其固有的一些缺点，很多学者对此进行探究优化，其中主要是针对背景值、初值以及阶数的优化。卢捷等人将初始值和背景值视为变量，由平均相对误差取最小时确定，系统地减少了模型误差。张丽洁等人结合黄金分割搜索和抛物线插值法得出灰色预测模型的背景值，相比于传统的GM（1,1）模型提高了精度。G Ning等、Zu等通过重新设计背景值公式来计算曲线与坐标轴围成的真实面积，尽可能地缩小了直接采用直角梯形面积值代替的误差。

GM（1,*N*）模型是多变量的灰色预测模型，考虑了一些已知因素对预测结果的影响，在物流、金融、医学等领域均得到了很好的应用。传统的GM（1,*N*）模型也和GM（1,1）模型一样有其固有的一些缺陷，张长聪等提出了对背景值进行优化的改进GM（1,*N*）模型，引入了加权因子对背景值重构，获取使得初始值和预测值平均相对误差最小的加权因子，即使得预测模型效果最好。由于GM（1,*N*）模型考虑了其他可能影响预测结果的因素，因此在这些因素的选择上也很重要。范震等提出了改进的GM（1,*N*）模型，初步选取一些相关因素，然后通过灰色关联分析选取关联值靠前的*N*个因素作为模型的输入，较好地提高了模型预测精度。

分数阶累加GM模型是将传统的一阶累加扩展成分数阶，从而优选出最适宜本模型的阶数，提高模型的预测精度。徐云霞等使用分数阶累加模型预测建筑物沉降，Liang Z等提出了分数阶累加非线性时滞灰色模型预测能源消耗，均选用粒子群算法计算最优分数阶次，提升了预测精度和误差检验等级。Liu等提出并研究了具有最优分数阶累加的灰色模型，结合优化的马尔科夫模型使得短期预测电力负荷更精确。

7.3 基于分数阶累加的灰色模型理论

7.3.1 灰色预测理论与模型

因为网络是一个不可靠的传递媒介，无线网络中节点之间的信息都必须通过网络来传递，若没有信息延迟，则节点之间的时钟信息可以立即传递给彼此，达到时钟同步。因此在研究中通常将网络假设为黑箱，利用统计预测的方法来处理消息延迟的问题。传统基于统计信号处理的方法对网络延迟进行建模，样本数越多、数据越符合某些分布时，该方法才能显示出统计特性。

（1）白色系统、黑色系统和灰色系统

① 白色系统是指一个内部特征完全已知的系统，即系统的信息是完全充分的。

② 黑色系统是一个内部信息对于外界而言是一无所知的系统，只能通过它与

外界的联系加以观测研究。

③ 灰色系统则是介于白色和黑色之间的系统，它的一部分信息是已知的，而另一部分信息是未知的，系统内的各因素之间有不确定的关系。

邓聚龙教授在20世纪80年代首次提出了灰色系统的概念，创立了灰色系统理论，该理论在农业、工业以及气象等领域成功地解决了存在未知因素的问题。灰色预测理论是对于“部分信息已知、部分信息未知”的不确定性系统，从控制论角度提出的一种新的建模思想和方法，具有样本需求量小（最少为4个数据）、建模过程简单等优点，其应用非常广泛。

通常情况下，由于数据量少，很难找到系统发展演化的统计规律。而在灰色预测方法中，通过对原始序列进行累加生成来弱化原始数据的随机性，在累加生成的过程中，可以看出灰色量累积过程的发展态势，使离散的原始数据中蕴含的规律能充分显示出来，然后再以此建立灰色微分或差分方程来产生新数据。

（2）灰色预测法

灰色预测法是一种预测灰色系统的方法，它通过鉴别系统因素之间发展趋势的相异程度，即进行关联分析，并对原始数据进行生成处理来寻找系统变动的规律，产生有较强规律性的数据序列，然后建立相应的白化微分方程模型，求解得到序列响应式，最后还原得到模型的预测值，可以预测事物未来的发展态势，并作出科学的定量分析。

相对于基于统计信号处理的方法，灰色预测方法具有四大优点：

① 使用“小数据”进行建模（4个样本数据即可）。

② 无需考虑原始数据的概率分布规律与统计特性。

③ 计算工作量较少。

④ 可以做多因素分析。

灰色预测理论模型架构如下：

① 灰色生成：将不确定性的数据序列加以处理使其由灰变白。

② 灰色建模：利用灰色生成后的规律序列建立灰差分方程与灰微分方程。

③ 灰色预测：利用数学模型对数据未来的变化情况作出定量预测。

（3）灰色生成序列

在灰色系统理论中，一般认为，尽管有些客观的表象很复杂，但它总有整体功能，因此蕴含某种内在的规律。关键挑战在于怎样选择适当的方法去挖掘并利用这种内在规律。灰色系统通过对原始数据按某种要求进行数据处理，来寻求它的变化规律，这个步骤称为生成。一切灰色序列都能通过某种生成来弱化它的随机性，同时显现它的规律性。数据生成的常用方式有累减生成、累加生成和加权累加生成。

① 累减生成。假设原始数列为 $x^{(1)}=[x^{(1)}(1), x^{(1)}(2), \cdots, x^{(1)}(n)]$，令

$$x^{(0)}(k)=x^{(1)}(k)-x^{(1)}(k-1),\ k=2,3,\cdots,n \tag{7-1}$$

则称 $x^{(0)}$为数列 $x^{(1)}$的 1 次累减生成数列。

② 累加生成。假设原始数列为 $x^{(0)}=[x^{(0)}(1),x^{(0)}(2),\cdots,x^{(0)}(n)]$，令

$$x^{(1)}(k)=\sum_{i=1}^{k}x^{(0)}(i),\quad k=1,2,\cdots,n \tag{7-2}$$

$$x^{(1)}=[x^{(1)}(1),x^{(1)}(2),\cdots,x^{(1)}(n)]$$

则称 $x^{(1)}$为数列 $x^{(0)}$的 1 次累加生成数列。经上式可以看出，通过累加生成得到的新数列，可以通过累减生成还原出原始数列。

若继续推广，有

$$x^{(r)}(k)=\sum_{i=1}^{k}x^{(r-1)}(i),\quad k=1,2,\cdots,n;\ r\geqslant 1 \tag{7-3}$$

称 $x^{(r)}(k)$为 $x^{(0)}(k)$的 r 次累加生成数列。

③ 加权累加生成。假设原始数列为 $x^{(1)}=[x^{(1)}(1),x^{(1)}(2),\cdots,x^{(1)}(n)]$，称任意一对相邻的元素 $x^{(0)}(k-1)$ 和 $x^{(0)}(k)$互为邻值。对于常数$\alpha\in[0,1]$，令

$$z^{(0)}(k)=\alpha x^{(0)}(k)+(1-\alpha)x^{(0)}(k-1),\ k=2,3,\cdots,n \tag{7-4}$$

由此得到的数列称为邻值生成数，α称为生成系数。当生成系数$\alpha=0.5$ 时，则称该数列为均值生成数，也称为等权邻值生成数。

在预测轨迹方面，往往有很多不确定性的因素，灰色预测模型对于时间序列短、统计数据少以及信息不完全系统的分析与建模，具有一定的优势，不需要对随机噪声和目标运动规律作出假设，所需的建模信息少，运算方便，而且预测结果的精确度也较为理想。

本章将以 GM（1,1）灰色预测模型为基础，来实现轨迹预测。GM（1,1）表示 1 阶的 1 个变量的模型，标准 GM（1,1）模型采用一阶累加生成算子，得到一阶累加生成序列：

$$x^{(1)}(k)=\sum_{i=1}^{k}x^{(0)}(i),k=1,2,\cdots,n \tag{7-5}$$

基于灰色一阶累加生成，矩阵扰动理论已证明一阶累加解的扰动界较大，为进一步降低扰动界，研究人员将建模阶数从一阶扩展到分数阶，通过分数阶可以精确地调节序列的累加数，为不同情况的初始数列提供最优的累加阶数，产生了一系列的新算子与新模型，从而扩大灰色预测模型的适用范围，大大提高了模型的预测精度。

7.3.2 分数阶算子 GM（1,1）灰色预测模型

分数阶算子 GM（1,1）模型定义：

① 设 $x^{(0)}=[x^{(0)}(1),x^{(0)}(2),\cdots,x^{(0)}(n)]$，$(n\in N)$；$x^{(r)}=[x^{(r)}(1),x^{(r)}(2),\cdots,x^{(r)}(n)]$ $(r\in R^+\ n\in \mathrm{N})$ 是 $x^{(0)}=[x^{(0)}(1)，x^{(0)}(2),\cdots，x^{(0)}(n)]$，$(n\in \mathrm{N})$ 的 r 阶累加生成序列，其中：

$$x^{(r)}(k)=\sum_{i=1}^{k}\frac{(k-i+1)(k-i+2)\cdots(k-i+r-1)}{(r-1)!}x^{(0)}(i)，k=1,2,\cdots,n \tag{7-6}$$

由 Gamma 函数的性质，当 $n\in \mathrm{N}$ 时，有：

$$\Gamma(n)=(n-1)! \tag{7-7}$$

式（7-6）可改写为：

$$x^{(r)}(k)=\sum_{i=1}^{k}\frac{\Gamma(r+k-i)}{\Gamma(k-i+1)\Gamma(r)}x^{(0)}(i)，k=1,2,\cdots,n \tag{7-8}$$

则分数阶算子的 GM（1,1）模型原始形式为

$$x^{(0)}(k)+ax^{(r)}(k)=b \tag{7-9}$$

特别当 $r=1$ 时，式（7-5）即为 GM（1,1）模型的原始形式。

② 设 $x^{(0)}$与 $x^{(r)}$如之前定义所示，$x^{(r)}$是 $x^{(0)}$的分数阶累加生成序列，$z^{(r)}$为 $x^{(r)}$在生成系数 q 下的邻值生成序列，其中：

$$z^{(r)}(k)=qx^{(r)}(k)+(1-q)x^{(r)}(k-1)，k=2,\cdots,n \tag{7-10}$$

可以得到 $x^{(r)}$的一阶微分方程：

$$x^{(r)}(k)-x^{(r)}(k-1)+az^{(r)}(k)=x^{(r-1)}(k)+az^{(r)}(k)=b \tag{7-11}$$

特别当 $r=1$ 时，式（7-7）即为均值 GM（1,1）模型。

③ 分数阶算子 GM（1,1）模型求解方法：

步骤 1：设 $x^{(0)}=[x^{(0)}(1)，x^{(0)}(2),\cdots，x^{(0)}(n)]$为原始序列，$n\in N$，$r\in R^+$。

步骤 2：对原始序列进行 r 阶累加，得到 r 阶累加生成序列，如式（7-6）所示。

步骤 3：生成邻值生成序列，如式（7-10）所示。

步骤 4：分数阶算子 GM（1,1）模型 $x^{(r-1)}(k)+az^{(r)}(k)=b$ 中的参数 a 和 b 可根据最小二乘法估计，令 $\hat{a}=[a，b]^{\mathrm{T}}$ 为参数列，满足 $\hat{a}=\left(\boldsymbol{B}^{\mathrm{T}}\boldsymbol{B}\right)^{-1}\boldsymbol{B}^{\mathrm{T}}\boldsymbol{Y}$，其中 $\boldsymbol{Y}$、$\boldsymbol{B}$ 分别为：

$$\boldsymbol{Y}=\begin{bmatrix}x^{(r-1)}(2)\\x^{(r-1)}(3)\\\vdots\\x^{(r-1)}(n)\end{bmatrix},\quad \boldsymbol{B}=\begin{bmatrix}-z^{(r)}(2)&1\\-z^{(r)}(3)&1\\\vdots&\vdots\\-z^{(r)}(n)&1\end{bmatrix}$$

步骤 5：分数阶算子 GM（1,1）模型 $x^{(r-1)}(k)+az^{(r)}(k)=b$ 的白化微分方程为：

$$\frac{\mathrm{d}x^{(r)}}{\mathrm{d}t}+ax^{(r)}=b \tag{7-12}$$

步骤 6：分数阶算子 GM（1,1）模型的白化微分方程的解，即时间响应函数为：

$$\hat{x}^{(r)}(t)=\left(x^{(r)}(1)-\frac{b}{a}\right)\mathrm{e}^{-at}+\frac{b}{a} \tag{7-13}$$

步骤 7：分数阶算子 GM（1,1）模型 $x^{(r-1)}(k)+az^{(r)}(k)=b$ 的时间响应序列为：

$$\hat{x}^{(r)}(k)=\left(x^{(0)}(1)-\frac{b}{a}\right)\mathrm{e}^{-a(k-1)}+\frac{b}{a} \tag{7-14}$$

步骤 8：分数阶算子 GM（1,1）模型所得到的还原值为：

$$\hat{x}^{(0)}(k)=\left(\hat{x}^{(r)}\right)^{(-r)}(k)=\sum_{i=0}^{k-1}(-1)^{i}\frac{\Gamma(r+1)}{\Gamma(i+1)\Gamma(r-i+1)}\hat{x}^{(r)}(k-i)\text{，}k=2,3,\cdots,n \tag{7-15}$$

7.4 基于改进分数阶累加的灰色轨迹预测模型

现有的灰色预测模型主要是基于一阶累加生成序列建模，然后通过一阶累减得到预测值，而分数阶累加就是在经典的 GM（1,1）模型的建模基础上，将一阶累加生成算子扩展到分数阶累加生成算子，保证模型达到更好的拟合效果和更高的预测精度。

另外，经典的 GM（1,1）模型背景值生成系数 q 选取 0.5，用直角梯形的面积代替了曲边梯形的面积，直接影响了模型的精度。故很多学者从不同角度对背景值进行优化，彭振斌等人先将数据序列抽象为非齐次指数函数，然后再构造背景值；还有学者提出了新的背景值表达式，在一定程度上均提高了模型的预测精度。

本章通过改进粒子群算法，求解出分数阶模型在平均相对误差最小时对应的最优阶数 r 以及最优背景值生成系数 q，提升轨迹预测模型的预测精度即缩小平均相对误差。

7.4.1 分数阶累加灰色轨迹预测模型

以经度预测为例，读入经度数据（例如：125.244228244358）并作为初始数列 $j^{(0)}$，按照 7.3.2 中理论公式建立基于经度的分数阶累加灰色轨迹预测模型。

具体流程如图 7-1 所示。

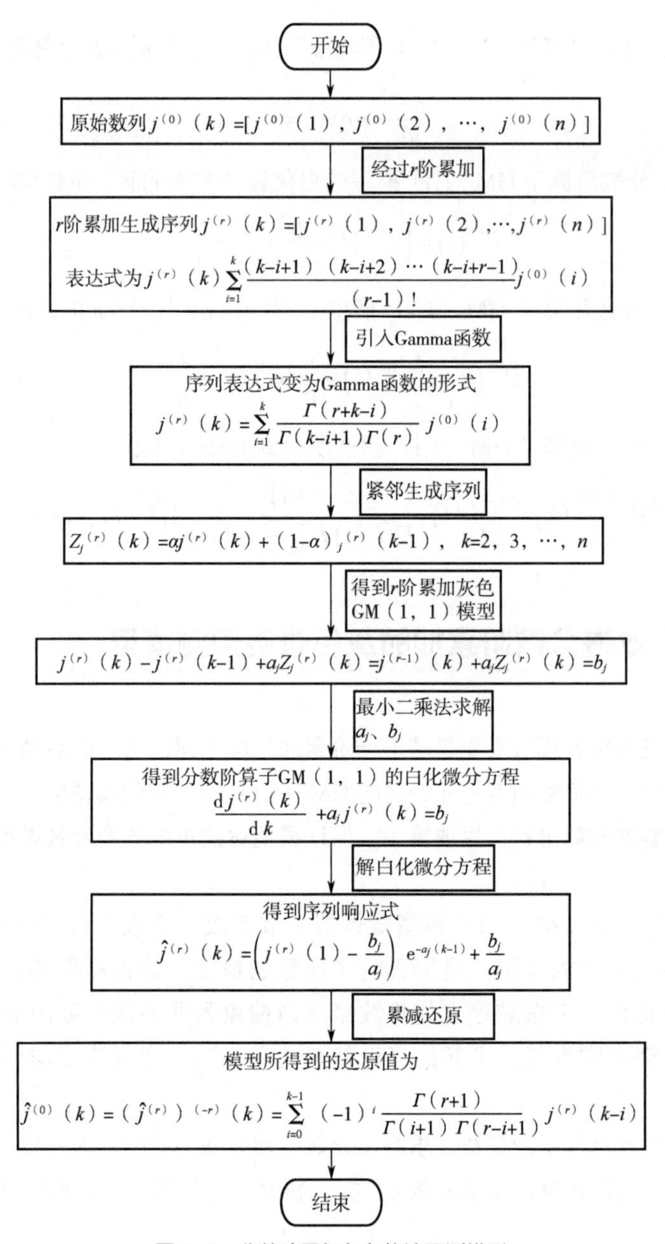

图7-1　分数阶累加灰色轨迹预测模型

本流程图中输入为原始数列 $j^{(0)}$，经过一个 r 阶累加生成算子生成 r 阶累加序列，r 阶累加生成算子目的是放大原始数据的趋势，同时有助于显现出灰量积累过程的发展态势，找出原始数据中蕴含的规律以及积分特性。最优的 r 值一定是使得预测数据与原始数据的平均相对误差达到最小。上述描述中可见背景值生成系数 q 也是影响模型预测精度的关键，因此也需要通过相关智能算法来求解最优 q 值。经过一系列的求解，模型最终输出经度的预测值为 $\hat{j}^{(0)}$ 。

7.4.2 参数寻优算法

对于最优 r 值和 q 值的求解，有很多种群体智能算法，主要是受自然界生物群体智能现象的启发，通过仿真动物的行为，从而对给定的目标函数进行寻优，近年来受到了很多学者的关注，不同的群体智能算法各有其优缺点。

① 细菌觅食算法（BFO）：它是模仿大肠杆菌在人体肠道内的觅食行为，属于仿生类优化算法。算法灵活，具有较强的适应性和鲁棒性，但是随着对算法的不断深入研究，一些问题和缺点也随之暴露出来，算法参数设置较多，一旦选取不恰当，会影响算法的整体性能，另外迁徙过程中位置更新具有随机性，一定程度上也会影响算法性能。

② 人工鱼群算法（AFSA）：它是模拟自然界中鱼的集群觅食行为，是一种新型的仿生类群体智能全局寻优算法。该算法与 BFO 类似，但是人工鱼群算法需要设置的参数较多，设置不当容易影响整体的收敛速度和收敛效果。

③ 粒子群算法（PSO）：它是一种常见寻优方法，来源于鸟群觅食行为，每一个粒子代表一只鸟，是一种典型的仿生学算法，采用速度-位移模型，通过离目的地最近的鸟类搜寻附近的区域，来找到目标地点。具有记忆全局最优解和个体最优的功能，通过适应度来评价解的好坏，要比一般的遗传算法更简单，但可能陷入局部最优的情况。

7.4.3 基于改进的粒子群优化算法求解最优 r 值及最优背景值

本章选用粒子群优化算法对 GM（1,1）模型的阶数和背景值进行寻优，标准的粒子群算法权重取固定值，收敛速度较慢。本章赋予不同情况的粒子不同的权值，动态地调整粒子的速度和位置，避免算法陷入局部最优，导致其收敛精度低。

改进后的粒子群算法基本思想是分情况求权重，即将高于适应度平均值的粒子再求其适应度平均值 D，此时适应度高于 D 的粒子通过两次筛选已经较为优秀，已接近全局最优，赋予较小的权重为 w = wmin，加快算法收敛；高于 p_avg 但低于 D 的粒子在整个粒子群中寻优能力良好，赋予其权重为最大和最小权重的中间值；适应度低于 p_avg 的粒子比平均情况还差，应赋给其设置的最大权重，以加快全局搜索。

具体计算步骤以求解最优阶数为例，求解最小平均相对误差下 GM（1,1）模型的阶数等价于求解如下最小优化问题:

$$\min p(r)=\frac{1}{n-1}\frac{\left|x0(k)-\mathrm{GM\_0}(k)\right|}{x0(k)}，\quad r\in R^{+} \tag{7-16}$$

当 r 取最优阶数时，本章建立的分数阶累加灰色预测模型的平均相对误差最小，代表模型此时达到最优的预测效果。

本实验粒子群算法设计流程如图 7-2 所示。

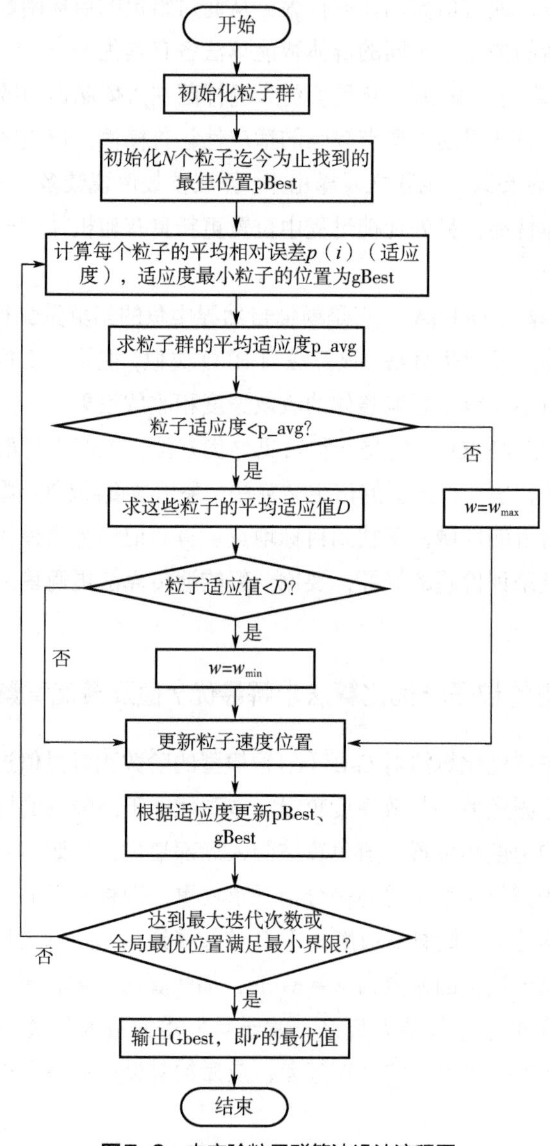

图7-2　本实验粒子群算法设计流程图

计算流程如下：

步骤 1：随机初始化粒子群中的粒子运行参数，包括学习因子 $c_1=c_2=2$，惯性权重 w=0.65、w_{min}= 0.4、w_{max} = 0.9，最大迭代数 MaxDT = 80，位置边界 p_{min} = 0、p_{max} = 1，飞行速度边界 v_{max} = 10、v_{min} = −10，粒子数 N = 50，粒子速度、位置。

步骤 2：初始化每个粒子迄今为止找到的最佳位置 pBest。

步骤 3：循环整个粒子群，计算每个粒子的适应度，定义适应度最小粒子的位置为所有粒子迄今为止找到的最佳位置即 gBest，同时计算平均适应度值 p_avg。

步骤 4：对粒子群中的所有粒子，执行如下操作：

分情况计算各个粒子的权重。更新粒子的速度和位置

$$v(i) = w*v(i)+c_1*\text{rand}*[\text{pBest}(i) - x(i)] + c_2 *\text{rand}*[\text{gBest}-x(i)] \tag{7-17}$$

$$x(i)=x(i)+v(i) \tag{7-18}$$

更新 pBest，如果粒子适应度小于 pBest 的适应度，则将其设置为新的 pBest；

更新 gBest，如果粒子适应度小于 gBest 的适应度，则将其设置为新的 gBest。

步骤 5：判断是否达到了最大迭代次数，若达到，执行步骤 6，否则继续执行步骤 4。

步骤 6：输出 gBest，即最优阶数 r。

标准的粒子群算法易陷入局部最优，经过动态地调整权重，算法的收敛效果加强且平均相对误差也相应减小，具体实验对比分析见 7.5.2 节。

其伪代码如表 7-1 所示。

表7-1　r阶累加灰色预测模型部分伪代码

```
Algorithm 2 r 阶累加灰色预测模型
Input: 经度数据
Output: 平均相对误差
1: function TEST(r)
2:      X0←经度数据
3:     n←length(X0)
4:      for k← 1 to n do
5:          s←0
6:          for i←1 to k do
7:               s←s+(r+k−i)/(γ(k−i+1)* γ(r)*X0(i)
8:          end for
9:          Xr[←Xr,s]
10:     end for
11:     for k←2 to n do
12:         Zr(k) ←0.5*Xr(k) +0.5*Xr(k−1)
13:     end for
14:     B ← ones(n− 1,2)
15:       Y←ones(n− 1,1)
16:     for i← 1to n−1 do
17:         Y(i,1) ←X0(i)
18:         B(i,1) ← Zr(i+1)
19:       end for
20:       E←inv(B'*B) *B'*Y
```

续表

```
21:    E←E'
22:     c←E(1)
23:    b←E(2)
24:      GM(1) ←X0(1)
25:    for k ←2 to n do
26:        GM(k) ← (Xr(l)−b/c)*exp(−c*(k−1))+ b/c
27:     end for
28:    for k←2 to n do
29:        t←0
30:        for i ←0 to k− 1 do
31:            t←t+((−1)^i)* γ(r+1)/( γ(i +1)* γ(r−i+1))*GM(k−i)
32:        end for
33:        GM0(k) ←t
34:    end for
35:    for k ←2 to n do
36:        u←(abs(X0(k)− GM0(k))/X0(k))* 100
37:    end for
38:    mp←0
39:    for k ←2 to n do
40:        mp← mp + abs(X0(k) − GM0(k))/X0(k)
41:        e←mp
42:    end for
43:    e←roundn(e/(n− 1)* 100,−12)
44:    result ← −e
45:    return result
46: end function
```

7.5 仿真验证及分析

7.5.1 数据集

本次实验数据由 2020 年吉林省康达农业机械有限公司的 2BMZF-2 型牵引式免耕播种机，在该公司实验田里，实际春播落籽施肥产生，提取相应经纬度数据分别形成数据集 jingdu.xlsx 和 weidu.xlsx。前五组数据如表 7-2 所示。

表7-2 数据及示例

序号	jingdu.xlsx	weidu.xlsx
1	125.244228244358	43.791041666667
2	125.244128417969	43.791048719619
3	125.243899468316	43.791053059896
4	125.243709581164	43.791057128907
5	125.243419596355	43.791049262153

7.5.2 模型性能比较与分析

本章以 jingdu.xlsx 数据集为例，随机抽选数据集中的 20 条数据作为原始输入序列，使用 Matlab R2018b 建模，求出标准 GM（1,1）模型和基于粒子群优化的分数阶累加 GM（1,1）模型的平均相对误差，并求其平均相对误差用于效果对比。

读取 20 条数据，设置 $r=1$，运用优化的粒子群算法求解最优背景值系数 q，得到结果如表 7-3 所示。

表7-3　粒子群算法求解最优背景值系数训练效果

参数	r	q	平均相对误差/%
值	1	0.001506339562998	2.1754558×10^{-5}

将优化后得到的 r 值代入粒子群算法，再去迭代得到 q 值，结果如表 7-4 所示。

表7-4　优化后的 r 值代入粒子群算法求解最优背景值系数训练效果

参数	r	q	平均相对误差/%
值	0.999999880117333	0.958364233115665	1.7828323×10^{-5}

两组迭代过程对比如图 7-3 所示。可见 q 值和 r 值均已优化的收敛速度相比于只优化 q 值快了 1.6 倍左右，收敛速度加快且平均相对误差减小，可以认为此时的 q 和 r 是使模型的预测效果达到最佳的一组取值。

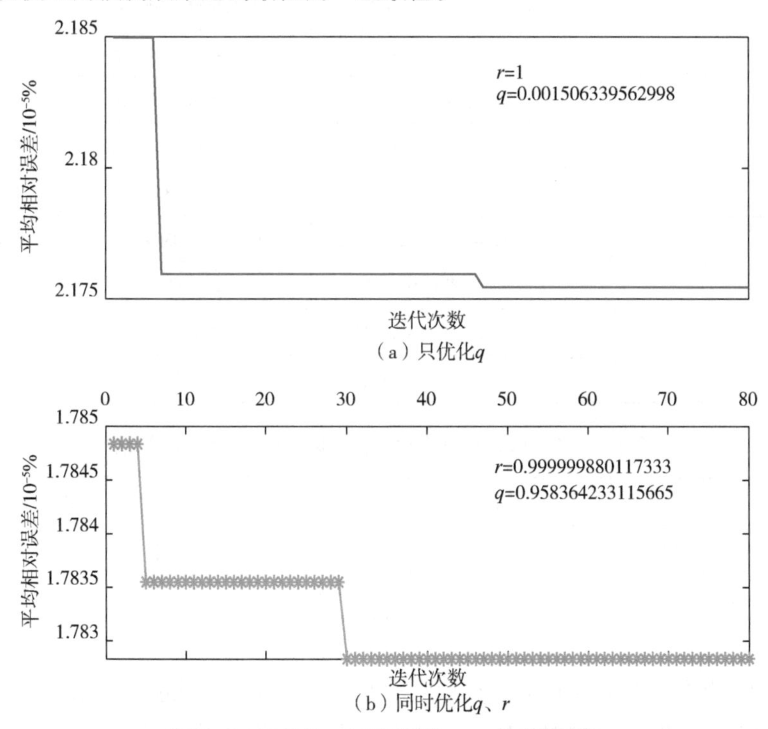

图7-3　只优化 q 和同时优化 q、r 的收敛效果

读取 20 条数据作为标准 GM（1,1）模型的输入。实验得到预测数据和平均相对误差与本章中优化的模型结果对比分别如表 7-5、表 7-6 所示。

表7-5　标准GM（1,1）模型与本章优化模型预测数据

数据序号	原始值	模型	预测值	相对误差/%
1	125.241312934028	标准 GM（1,1）模型	125.2413129340280	0
		本章优化模型	125.2413129340280	0
2	125.241327853733	标准 GM（1,1）模型	125.2413282670767	3.3×10^{-7}
		本章优化模型	125.2413325714913	3.7×10^{-6}
3	125.241388888889	标准 GM（1,1）模型	125.2413514157483	3.0×10^{-5}
		本章优化模型	125.2413631586023	2.0×10^{-5}
4	125.241396755643	标准 GM（1,1）模型	125.2413745644241	1.7×10^{-5}
		本章优化模型	125.2413914091719	4.3×10^{-6}
5	125.241411946615	标准 GM（1,1）模型	125.2413977131042	1.1×10^{-5}
		本章优化模型	125.2414181701356	5.0×10^{-6}
6	125.241465928820	标准 GM（1,1）模型	125.2414208617886	3.6×10^{-5}
		本章优化模型	125.2414442995962	1.7×10^{-5}
7	125.241526963976	标准 GM（1,1）模型	125.2414440104773	6.6×10^{-5}
		本章优化模型	125.2414701670006	4.5×10^{-5}
8	125.241518825955	标准 GM（1,1）模型	125.2414671591703	4.1×10^{-5}
		本章优化模型	125.2414953192952	1.9×10^{-5}
9	125.241510959202	标准 GM（1,1）模型	125.2414903078675	1.6×10^{-5}
		本章优化模型	125.2415203226877	7.5×10^{-6}
10	125.241518554688	标准 GM（1,1）模型	125.2415134565690	4.1×10^{-6}
		本章优化模型	125.2415451175489	2.1×10^{-5}

表7-6　标准GM（1,1）模型与本章优化模型训练效果

模型	r	q	平均相对误差/%
标准 GM（1,1）模型	1	0.5	2.6912104×10^{-5}
本章优化模型	0.999999880117333	0.958364233115665	1.7828323×10^{-5}

下面检验优化后粒子群算法相较于原始粒子群算法的性能，背景值生成系数 q 设置为 0.5，读取 20 条数据分别放入未优化粒子群的分数阶累加 GM（1,1）模型和

优化后粒子群的分数阶累加 GM（1,1）模型，最优阶数 r 以及平均相对误差如表 7-7 所示。

表7-7 粒子群算法求解最优分数阶训练效果

算法	r	q	平均相对误差/%
未优化粒子群	0.999972696953892	0.5	7.445767984×10^{-3}
优化粒子群	0.999999880117333	0.5	1.96324×10^{-5}

使用优化和未优化粒子群算法的原始值与预测值对比如表 7-8 所示。

表7-8 使用优化和未优化粒子群算法的原始值、预测值对比

数据序号	原始值	模型	预测值	平均相对误差/%
1	125.241312934028	未优化粒子群	125.241312934028	0
		优化粒子群	125.241312934028	0
2	125.241327853733	未优化粒子群	125.2447477554064	2.7×10^{-3}
		优化粒子群	125.2413433003273	1.2×10^{-5}
3	125.241388888889	未优化粒子群	125.2464806171557	4.0×10^{-3}
		优化粒子群	125.2413738874397	1.2×10^{-5}
4	125.241396755643	未优化粒子群	125.2476437336022	5.0×10^{-3}
		优化粒子群	125.2414020188006	4.2×10^{-5}
5	125.241411946615	未优化粒子群	125.2485216522115	5.7×10^{-3}
		优化粒子群	125.2414288989740	1.3×10^{-5}
6	125.241465928820	未优化粒子群	125.2492288320532	6.2×10^{-3}
		优化粒子群	125.2414551476442	8.6×10^{-6}
7	125.241526963976	未优化粒子群	125.2498219071442	6.6×10^{-3}
		优化粒子群	125.2414807766303	3.7×10^{-5}
8	125.241518825955	未优化粒子群	125.2503334443476	7.0×10^{-3}
		优化粒子群	125.2415060481344	1.0×10^{-5}
9	125.241510959202	未优化粒子群	125.2507842749005	7.4×10^{-3}
		优化粒子群	125.2415311707364	1.6×10^{-5}
10	125.241518554688	未优化粒子群	125.2511872532211	7.7×10^{-3}
		优化粒子群	125.2415558463884	3.0×10^{-5}

分别画出其迭代训练后的预测值以及平均相对误差，如图 7-4、图 7-5 所示，可

见已优化的粒子群算法得到的平均相对误差更小，更贴近原始数据，且其达到最优效果的时间比未优化的粒子群算法大概提升了 2 倍，可见优化后的粒子群算法更能使分数阶累加灰色预测模型预测准确率提升。

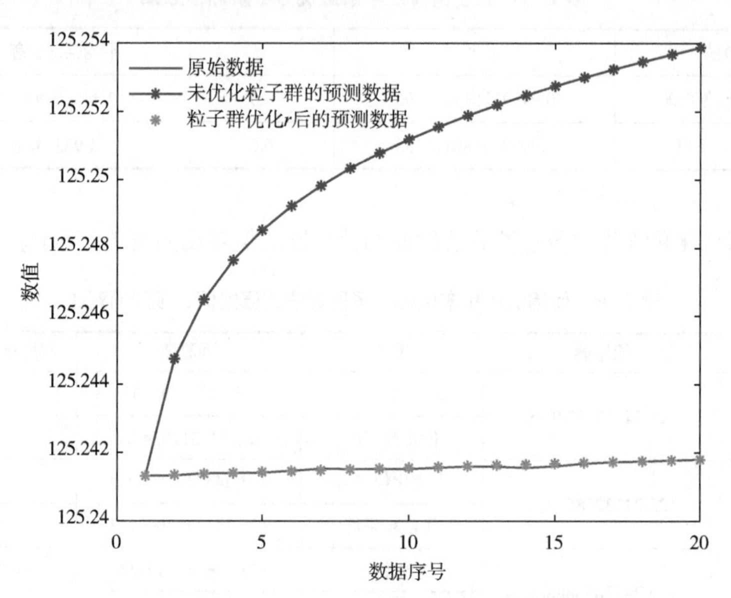

图7-4　已优化和未优化的预测数据与原始数据对比

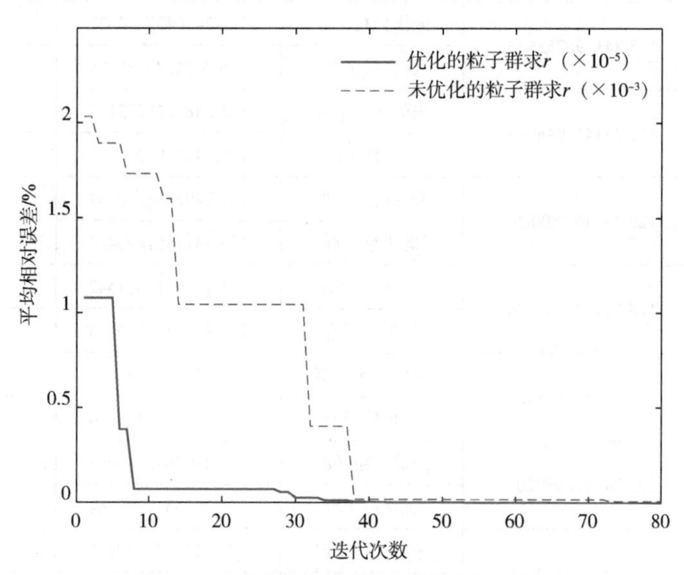

图7-5　已优化与未优化粒子群算法效果对比

7.6 本章小结

本章主要介绍了灰色预测模型的理论，以及在其上延伸出的分数阶累加灰色预测模型，应用改进的粒子群算法寻求最优 r 值及 q 值，训练出的最优值使得模型在轨迹预测上得到了很好的精度和收敛效果，可见动态设置权重使粒子群算法的优化得到了不错的提升，最终优化的结果相较于传统的 GM（1,1）模型精度提升了 1.05 倍左右。本章的优化算法精度更高，拟合效果也更好，在轨迹预测领域具有可行性以及使用价值。日后要收集更多类型的轨迹数据来训练此模型，提升其鲁棒性，使其在此基础上能达到更高的预测精度。

第8章 农业物联网中的轨迹纠偏算法

本章在前文基础上，围绕农业物联网中的轨迹纠偏问题，提出一种基于环比的时间序列纠偏算法。该算法首先对时间序列进行短期环比，找出在短期内判定为的漂移点；其次使用长期环比，用 ARIMA 模型去拟合，将不在置信区间内的点判定为漂移点；然后将两者结果进行对比，同时判定是异常的点则为漂移点；最后对漂移点使用三次样条插值法进行纠偏。该算法应用于北斗原始定位数据的预处理工作中，实验证明，该方法能有效找到序列中的单个漂移点，同时能准确探测连续几个漂移点的位置，避免了传统时间序列算法对少量漂移点不敏感的缺点，提高了定位数据的准确性。

8.1 概述

北斗卫星导航系统是我国自行研制的全球卫星导航系统，由空面段、地面段和用户段三部分组成。自北斗二号系统建成并投入运行以来，服务性能满足承诺的指标要求，系统总体运行稳定可靠，定位精度由 10m 提升至 6m。卫星定位在国防建设、交通、水利方面都发挥了重要作用，随着农业物联网的迅速发展，卫星定位在农机方面也得到了越来越多的推广，这也有利于我国摆脱对 GPS 的依赖。

但在实际应用中，仍然有诸多因素影响北斗卫星的定位精度。其中常见的有：卫星轨道的影响、原子钟的影响以及电离层的延迟，这些都不可避免地使定位点发生“漂移”。因此对北斗定位漂移点进行纠偏是很有必要的。

轨迹纠偏通常指的是根据给定的坐标点、车辆的方位角以及行驶速度，将用户的轨迹纠偏到路上，从而返回用户实际驾车经过的道路坐标，但其大多应用在车载上。现阶段，我国注重农业物联网的发展，不断提升生产现代化水平，促进规模化发展。将轨迹纠偏应用于智慧农机可以提高农机的效率，再结合北斗高精度的定位信息，可以实现农机最优路径规划、实时跟踪以及动态监控，使农机作业更加精准化、智慧化。

对漂移点进行纠偏主要分为两部分：一方面需要制定对漂移点的评定，另一方面则需要对漂移点进行纠正。现有的算法包括基于时间序列的算法、基于统计学的方法以及机器学习的方法等。传统时间序列法适用于数据量较小且漂移点较多的数据集，而农机的运行速度相较汽车来说慢很多，获取到的经纬度前后差异非常小，但数据量庞大。

因此本章提出了基于环比的时间序列改进算法，此方法从短期和长期两个角度考虑，既具有普遍性也具有一定的趋势性，能有效判断出漂移点的位置，并对漂移数据进行处理。

8.2 轨迹纠偏模型

漂移点的定义，需要根据实际应用的场景来确定。Knorr 等在 2000 年给出了基于距离的异常点的定义，通常的表示形式为 DB（p, D），其具体含义为：在数据集 A 中的目标点 O，如果至少和 p 个位于 A 中的目标点的距离大于 D，则判定该点为数据集 A 中满足 DB（p, D）条件的异常点。

目前对于漂移点的检测方法有很多种，其中主要分为四类：

① 基于统计与概率模型的方法，往往会使用极值分析或者假设检验，比如基于邻域、密度等方法，还有效果较好的 DBSCAN 算法，可以在多维特征空间上搜索异常值。如果考虑特征间的相关性，也可以使用马氏距离来衡量数据的异常度。

② 基于机器学习的方法，比如神经网络、孤立森林等。

③ 基于距离的方法，比如 K 近邻算法（KNN 算法），使用邻近性度量比确定它的统计分布更容易。

④ 基于信号处理的方法，如小波变换和卡尔曼滤波等方法，其特征通常为异常点和正常点之间的距离以及角度等。

虽然以上几种方法都能找出定位漂移点，但是在某些方面都存在一定的局限性：

① 基于统计学的方法适用于规模较小的数据，且必须要能准确构建统计模型才能达到预计效果。

② 基于机器学习的方法通常涉及二分类的问题，通常需要利用较大规模的经过标记的数据进行训练，其中数据的标记耗时耗力，且训练的时间空间复杂度过高。

③ 基于距离的方法计算复杂度较高、主观性较大，对于密度不均匀的点，该方法通常会给出错误的答案。

④ 基于信号的处理方法，主要是将检测值作为一种时序信号进行处理，虽然也有较好的效果，但对于短期异常点的判定不敏感。

基于上述条件，本章提出了一种从长短期环比角度对时间序列进行纠偏的改进算法，用这种方法能够更精确地找出漂移点且计算复杂度低，同时能准确探测连续几个漂移点的位置。

8.3 基于环比的时间序列方法

8.3.1 传统的时间序列算法

时间序列是指按照时间的先后顺序，取一定时间间隔的一系列观测值。例如，取 T 时刻的时间序列值 X_T，则一个时间序列可以表示为 $\{X_T \mid t=1,2,3,\cdots,n\}$。在做时间序列分析时，通常希望时间序列是平稳的，即时间序列在一个固定数值上下波动。一般通过对时间序列进行白噪声检验来判断其是否属于平稳过程，如果是波动的就需要对原序列进行差分或者对数变换。若序列随着时间有一定的趋势，则需要对它进行对数变换；若序列随时间有振荡趋势，则需要进行差分。一次差分能剔除趋势性的影响，一般进行二次差分后会使序列趋于平稳。

$$\nabla X_T - \nabla X_{T-1} = \left(X_T - X_{T-1}\right) - \left(X_{T-1} - X_{T-2}\right) \tag{8-1}$$

经过上述变换后，如果原序列依旧没有通过白噪声检验，说明时间序列中有漂移点存在。通常使用自相关系数和偏自相关系数来衡量序列之间的相关性。自相关系数（ACF）又称为全相关系数，用于度量同一事件在不同时期的相关程度。偏自相关系数(PACF)又称为条件相关系数，用于度量去除中间变量影响后的相关程度，假设 X_T 和 X_{T-2} 通过 X_{T-1} 产生关联，PACF 即为去除 X_{T-1} 的关联后两者的相关程度。滞后 k 阶偏自相关系数是指在给定中间 $k-1$ 个随机变量 X_{T-1}、X_{T-2}、$\cdots$、X_{T-k+1} 的条件下，去除了中间 $k-1$ 个随机变量的干扰后，X_{T-k} 对 X_T 影响的相关度量。

经过推导，公式如式（8-2）、式（8-3）所示：

自相关系数：
$$R_k = \frac{\sum_{i=1}^{n-k}\left(X_i - \bar{X}\right)\left(X_{i+k} - \bar{X}\right)}{\sum_{i=1}^{n}\left(X_i - \bar{X}\right)^2}，其中 \bar{X} = \frac{1}{n}\sum_{i-1}^{n} X_i \tag{8-2}$$

偏自相关系数：$\rho_{X_t,\ X_{t-k}|X_{t-1},\cdots,\ X_{t-k+1}}=\dfrac{E\left[\left(X_t-\hat{E}X_t\right)\left(X_{t-k}-\hat{E}X_{t-k}\right)\right]}{E\left[\left(X_{t-k}-\hat{E}X_{t-k}\right)^2\right]}$ (8-3)

其中 $\hat{E}X_t=E\left[X_t\mid X_{t-1},\cdots,\ X_{t-k+1}\right]$，$\hat{E}X_{t-k}=E\left[X_{t-k}\mid X_{t-1},\cdots,\ X_{t-k+1}\right]$

计算时间序列的 k 阶自相关系数，观察图像中不在置信区间内的点，就能找出原序列存在的异常点位置。

8.3.2 短期环比

短期环比是指在短期内用同一时间段中相邻的时间点进行比较。在时间序列中，往往 T 时刻的数值对于 $T-1$ 时刻的数值有很强的依赖性。例如，7∶00 时刻的值很大，在 7∶01 时刻的值也应该是很大的，但是 7∶00 时刻的值对于 8∶00 时刻的值影响较小。根据此特性，设置最近时间窗口值 T，T 决定了参与预测的滑动邻接点的数量。T 值越大，表明参与计算的滑动邻接点越多，计算的复杂度也会相应增加。为了选择最优的滑动窗口宽度，设置 T 值范围为 3~15，增量为 1，即 $k=\{3,\ 4,\ \cdots,\ 15\}$。

取过去一段时间（比如 T 窗口）的平均值（avg）、最大值（max）以及最小值（min），然后取 max−avg 和 avg−min 的最小值作为当前时间段的阈值（threshold）：

$$\text{threshold}=\min\left(\max-\text{avg},\ \text{avg}-\min\right) \tag{8-4}$$

根据需求设置最大通过个数（countNum），如果对异常敏感，可以将 countNum 设置得小一些；如果对异常不敏感，可以将 countNum 设置得偏大一些。取检测值（nowvalue）和过去 T 个（记为 i）点进行比较，如果大于阈值，则将 count 加 1，如果 count 超过设置的 countNum，则认为该点是异常点。

$$\text{count}\left(\sum_{i=0}^{T}\left(\text{nowvalue}-i\right)>\text{threshold}\right)>\text{countNum} \tag{8-5}$$

8.3.3 长期环比

上述短期环比参照的是短期内的数据，有一定的局限性，还需要考虑更长时间内的数据走势。在时间序列中，通过自相关系数和偏自相关系数能衡量出序列的特征模式。自相关系数用于度量同一事件在不同时期的相关程度，偏自相关系数用于度量去除中间变量影响后的相关程度。

时间序列模型主要包括自回归模型（AR）、平均移动模型（MA）和自回归平均移动模型（ARMA），结合自相关和偏自相关图的特点，根据表 8-1 选择其模型。

表8-1 时间序列模型

模型	自相关	偏自相关
AR（p）	指数衰减	p 阶截尾
MA（q）	q 阶截尾	指数衰减
ARMA（p，q）	指数衰减	指数衰减

AR（p）为自回归过程，p 阶自回归过程可表达为：

$$x_t = \varnothing_1 x_{t-1} + \varnothing_2 x_{t-2} + \cdots + \varnothing_p x_{t-p} + u_t \tag{8-6}$$

式中，$\varnothing_i$ 是回归参数；u_t 是白噪声过程。自回归过程可以解释为由 x_t 的 p 个滞后项的加权以及 u_t 相加而成。

MA（q）为平均移动模型，q 阶平均移动过程可表示为：

$$x_t = u_t + \theta_1 u_{t-1} + \theta_2 u_{t-2} + \cdots + \theta_q u_{t-q} \tag{8-7}$$

式中，θ_i 是回归参数；u_t 是白噪声过程；x_t 是由 u_t 和 u_t 的 q 个滞后项的加权和构造而成的。

ARMA（p，q）为自回归平均移动模型，其为自回归和移动平均两部分共同构造而成的随机过程，表达式可写为：

$$x_t = \varnothing_1 x_{t-1} + \varnothing_2 x_{t-2} + \cdots + \varnothing_p x_{t-p} + u_i + \theta_1 u_{t-1} + \theta_2 u_{t-2} + \cdots + \theta_q \tag{8-8}$$

用自回归算子和移动平均算子代入可写为：

$$\left(1 - \varnothing_1 L - \varnothing_2 L^2 - \cdots - \varnothing_p L^p\right) x_i = \left(1 + \theta_1 L + \theta_2 L^2 + \cdots + \theta_q L^q\right) u_t \tag{8-9}$$

ARMA（p，q）过程的平稳性取决于自回归部分，而可逆性则取决于平均移动部分，即只有$-1 < \varnothing_1 < 1, -1 < \theta_1 < 1$时刻模型才是平稳的、可逆的。

以上三种模型都是对平稳序列的拟合，RIMA 模型则是对非平稳序列的拟合。通常 ARIMA（p，d，q）是经过 d 次差分后的 ARIMA（p，q）模型，其中 p 为自回归阶数，q 为移动平均阶数。ARIMA 模型更接近实际情况，因此应用更为普遍。

ARIMA（p，d，q）的一般形式为：

$$y_t = \varphi_1 y_{t-1} + \varphi_2 y_{t-2} + \cdots + \varphi_p y_{t-p} + Z_t + \beta_1 Z_{t-1} + \beta_2 Z_{t-2} + \cdots + \beta_q Z_{t-q} \tag{8-10}$$

$$\varnothing(B) = 1 - \varphi_1 B - \varphi_2 B^2 - \cdots - \varphi_p B^p \tag{8-11}$$

$$\theta(B) = 1 - \theta_1 B - \theta_2 B^2 - \cdots - \theta_q B^q \tag{8-12}$$

式中，B 为后移算子，$\varphi_i(i = 1,2,\cdots，p)$和$\theta_j(j = 1,2,\cdots，q)$分别为自回归参数和移动平均参数。式（8-6）和式（8-7）分别为自回归相关系数多项式和移动平均系数多项式。即若一个随机过程含有 d 个单位根，则其经过 d 次差分之后可以变换成一个平稳的自回归移动平均模型。若设 $D^d y_t$ 表示 y_t 经过 d 次差分变为平稳过程，$\Phi(L)$、$\Theta(L)$ 分别为平稳过程的自回归算子、移动平均算子，取 $x_t = D^d y_t$，则上述模型可表示为 $\Phi(L)x_t = \Theta(L)u_t$。

基于上述理论，可以先用二次差分法，对漂移点起到放大的作用，从而能找到异常的大致范围。再使用模型对序列进行拟合，将没有落在图形置信区间内的点判定为异常点。

8.3.4　三次样条插值

当确定一个点是漂移点的时候，就需要对其进行纠正，但是只知道这些漂移点而不知道具体的方程，这时一般有两种做法：拟合或插值。拟合要求的是整体趋势一致，并不要求方程通过全部点，而插值则需要每点都将穿过。样条插值是针对给定的多个点，利用插值来获得平滑的曲线。而三次样条插值则是将原始长序列分割成若干段，构造多个三次函数，使序列分段的衔接处具有二阶导数连续的性质。使用三次样条插值进行纠正比传统线性插值效果好。

8.3.5　算法步骤

对于一个时间序列，从短期和长期两个角度进行分析。首先输入样本点，判断是否平稳，平稳则进行短期环比，得到其在短期内的异常值。否则差分后应用长期环比，将长期环比得到的异常值结果和短期环比得到的结果相比较，同时认定为异常值的点则确定为漂移点，最后运用三次样条插值法进行纠偏。

思路流程图如图 8-1 所示。

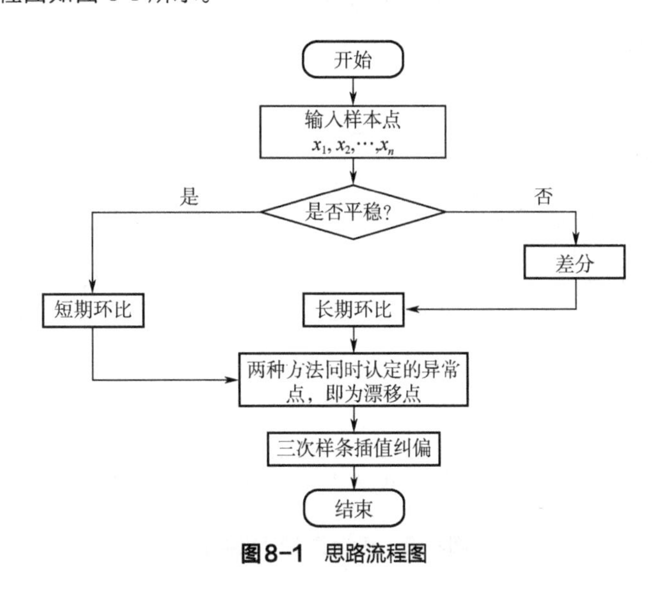

图 8-1　思路流程图

8.4 实验仿真与结果分析

8.4.1 短期环比算法

本次实验的数据来源于吉林省康达农业机械有限公司的智慧农机数据集，每隔2s取同一台农机的经度和纬度，共获取100个样本点分别进行实验。由于农机运行速度较慢，在位置上的变化很小，在短期环比中将时间窗口设置为10，countNum设置为9，并将漂移点标记出来。然后对此序列同时进行传统时间序列算法和短期环比，结果如图8-2、图8-3所示。

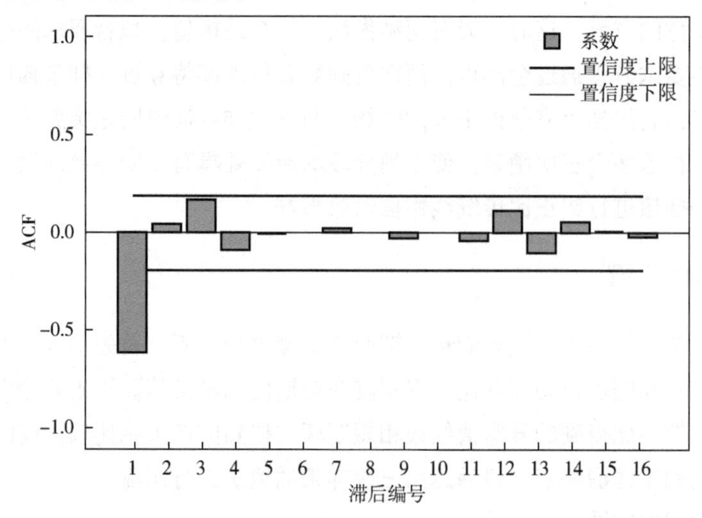

图8-2 原序列自相关图

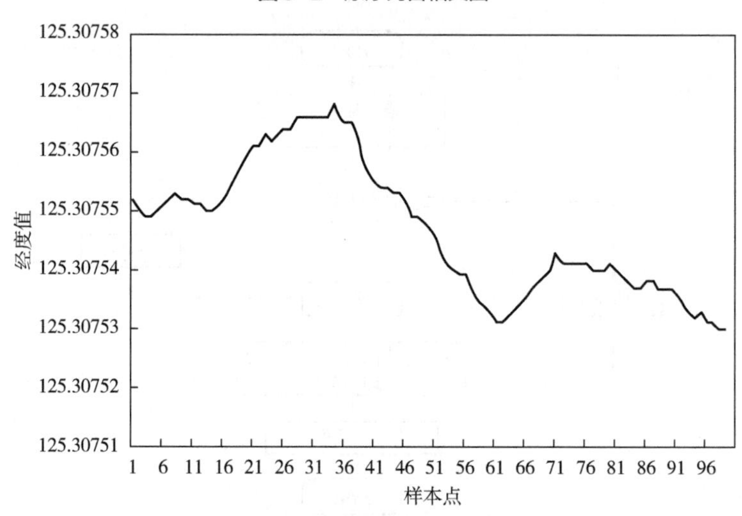

图8-3 原序列短期环比结果

观察经度的自相关系数图（图 8-2），自第一个点以后都收敛在置信区间内，短期环比的结果图（图 8-3）中也没有标出异常点，所以此序列中没有漂移点。

在样本点 31 和 83 处添加两个异常值再次进行实验，结果如图 8-4、图 8-5 所示。

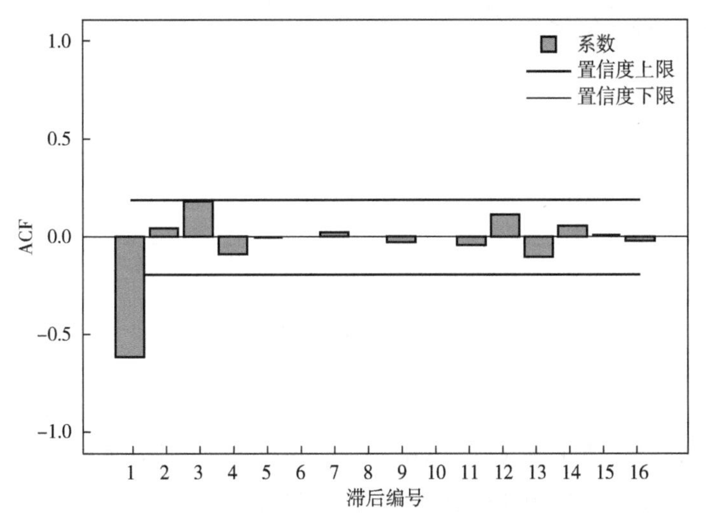

图8-4　添加两个漂移点后的自相关图

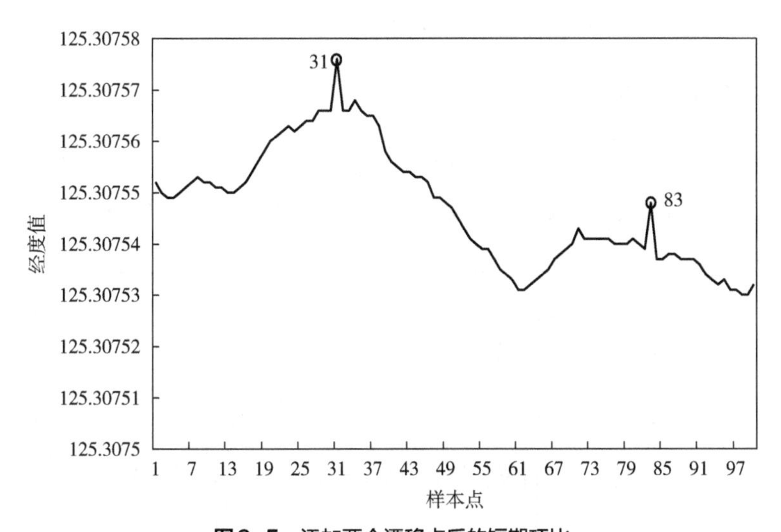

图8-5　添加两个漂移点后的短期环比

由图 8-4 可知，自相关系数图依旧是全部收敛在置信区间内，可见传统的时间序列方法对少量异常值不敏感，而短期环比则可以轻易地找出异常点。

接下来再用短期环比对连续异常值做实验，在样本点 21、22 和 71、72 处添加异常点，结果如图 8-6 所示。

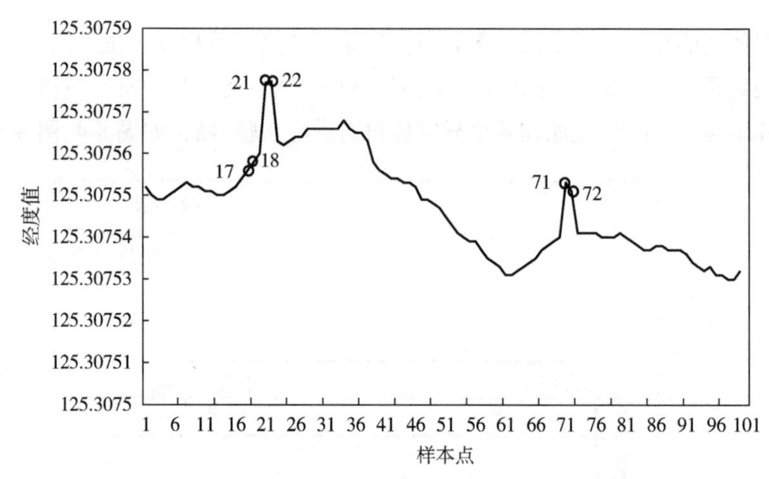

图8-6　连续漂移的短期环比结果

通过短期环比可以将异常点 21、22 和 71、72 找出，但是也找到不是异常点的 18、19。通过观察原数据集发现，从第 17 个点开始的前十个数据都是以 0.000001 往上增加，而 17 到 18、18 到 19 是以 0.000002 增加的，因此在短期内 17 和 18 两个点不符合其增长规律，故被判定为异常点。这是短期环比的一个缺点，只关注短期内的结果，同时也是长期环比需要解决的问题。

8.4.2　长期环比算法

首先对经度序列使用二次差分法，差分法可以对异常值起到一个放大的作用，从而可以确定异常值的大致范围。使用差分法后的经度序列图如图 8-7 所示。

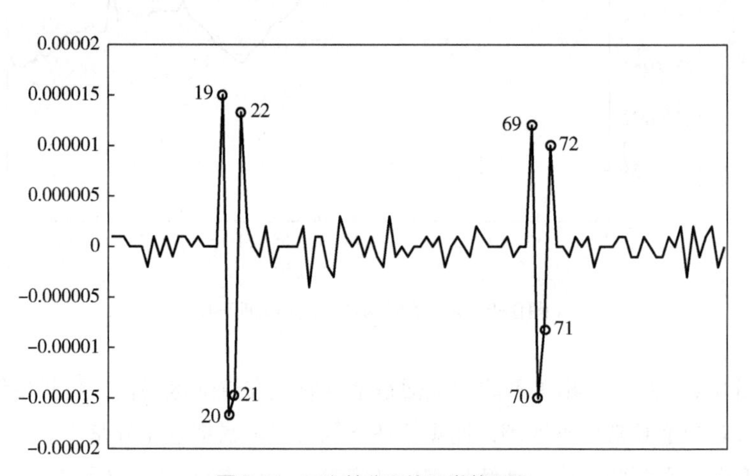

图8-7　二次差分后的异常范围图

从图 8-7 中可以发现，经过二次差分后，经度序列在 0 处上下波动，同时把异常值的范围锁定在 19 ~ 22 和 69 ~ 72 内，这也给后续长期环比的工作奠定了基础。

使用长期环比算法，最重要的是要通过自相关和偏自相关图判断时间序列适合什么样的模型，这样才能更好地拟合原序列。经度上的时间序列的自相关和偏自相关图如图 8-8、图 8-9 所示。

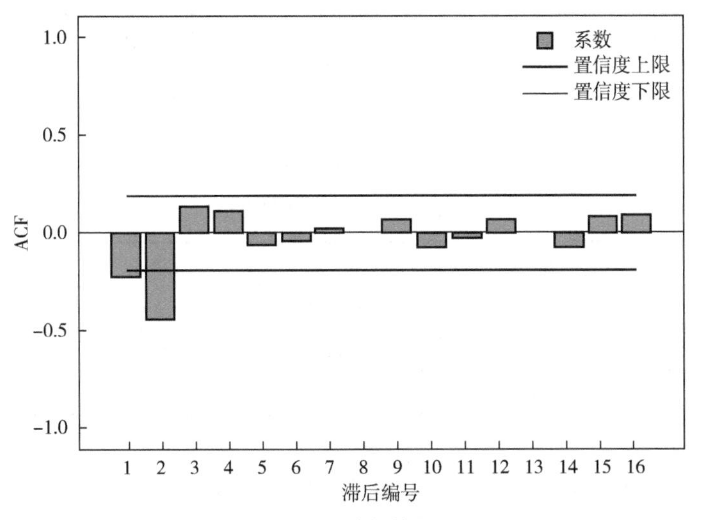

图8-8　自相关图

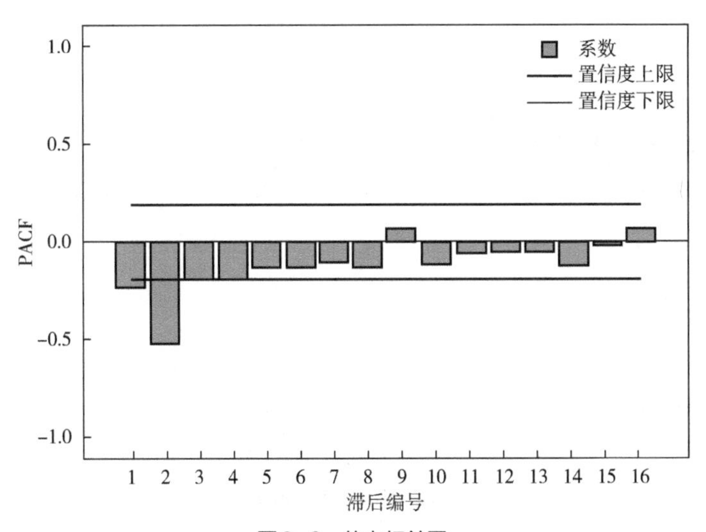

图8-9　偏自相关图

通过观察图 8-8、图 8-9 可以发现，自相关和偏自相关图都呈现出指数下降的拖尾形式，符合 ARIMA 模型，其中的阶数 p 和 q 需要不断尝试，找到一个最合适的值。同时对序列进行二次差分，参数 d 是 2，因此可以使用更接近实际生活的 ARIMA 模型。将序列中的异常范围去掉，建立 ARIMA 模型，经过不断尝试，发现 p 和 q 都选择 1 是拟合效果最好的，R^2 为 0.991，显著性水平都小于 0.01，如表 8-2、表 8-3 所示。

表8-2 模型统计

模型拟合度统计			杨-博克斯Q（18）			
模型	预测变量	平稳 R^2	统计	*DF*	显著性	离群值
经度序列模型	0	0.991	13.106	16	0.655	0

表8-3 ARIMA模型参数

参数	估算	标准误差	t	显著性
常量	-2.63×10^{-7}	3.052×10^{-7}	−0.862	0.391
AR 延迟	0.796	0.105	7.574	0.000
MA 延迟	0.400	0.162	2.472	0.015

建立好模型后，进行拟合预测，通过图 8-10 可以看出拟合效果很好。

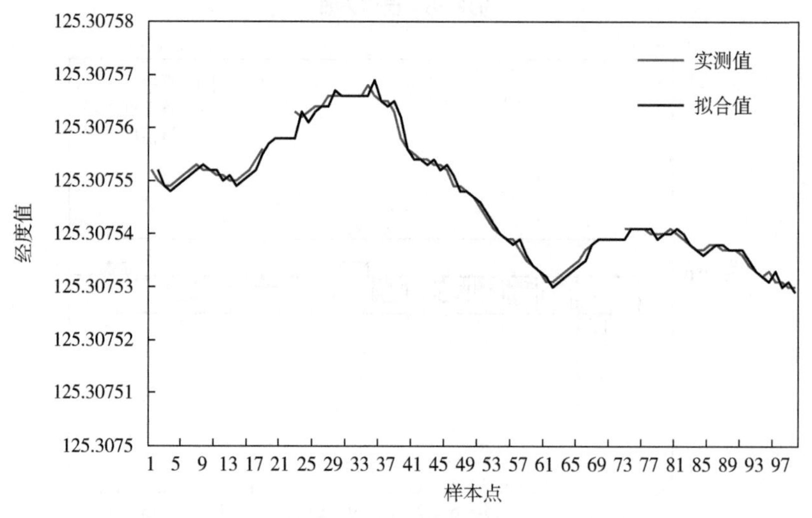

图8-10 模型拟合图

将原序列和模型给出的置信区间作对比，把不在置信区间内的点认定为漂移点，可以发现使用长期环比很容易找到连续的异常点 21、22 和 71、72，如图 8-11 所示。

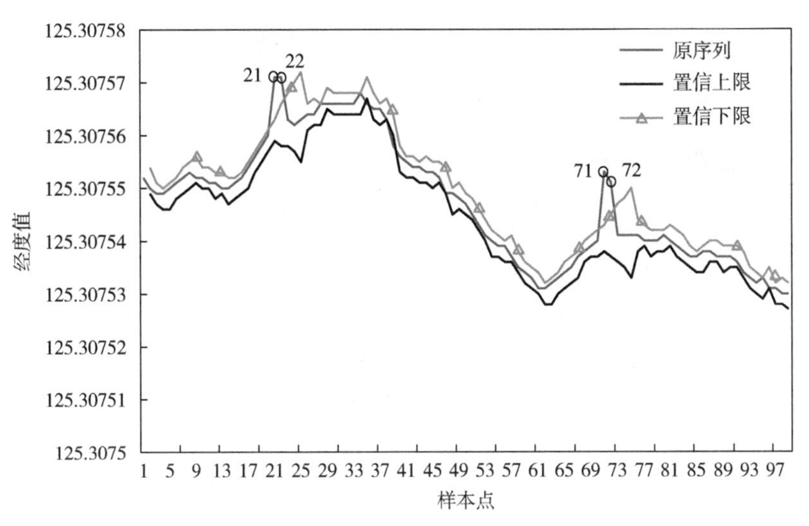

图8-11 长期环比结果图

将短期环比和长期环比的结果进行对比，同时将异常值的点认定为漂移点，这样就可以将不是漂移点的 17、18 排除掉。

8.4.3 三次样条插值纠偏

在 8.4.1 节中已经认定出单个漂移点 31、83，现在使用三次样条插值对其进行纠正，并和无漂移点的序列进行对比（见图 8-12）。

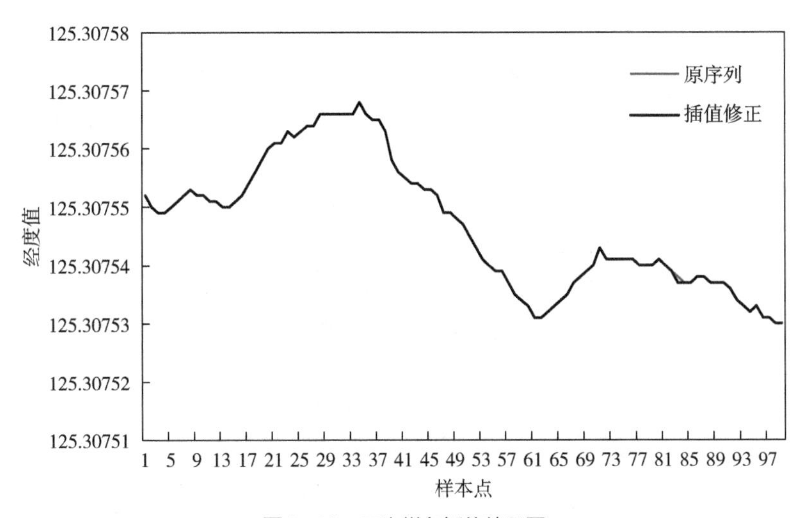

图8-12 三次样条插值结果图

由图 8-12 可以发现 31 这个点插值之后的值和原序列的值是一样的，83 这个点在插值后的值是 125.307537，原序列的值是 125.307538，相差 0.000001，说明利用三次样条插值法进行数据纠正是很有效的。

8.4.4 实验对比与评价

为了检验本章算法的有效性，将本章所提算法与 *K* 近邻算法和传统时间序列算法进行比对，并作出接受者操作特性曲线（receiver operating characteristic，ROC）。ROC 曲线是根据一系列不同的二分类方式，以敏感度为纵坐标、特异性为横坐标绘制的曲线，用于选择最佳的信号侦测模型、舍弃次佳的模型以及在同一模型中设定最佳阈值。根据 ROC 曲线的位置可以将图划分为两部分，曲线下方的面积称为 AUC（area under curve），显然这个面积小于 1，又因为 ROC 曲线一般都处于 $y=x$ 这条直线的上方，所以 AUC 一般在 0.5~1 之间。判断某个算法的优劣主要是根据 ROC 曲线下方的面积大小，AUC 越大，说明漂移检测的效果越好，预测的准确性越高。

通过图 8-13 和表 8-4 可知，本章所提的算法中的 AUC 值为 0.964，明显优于 *K* 近邻算法和传统时间序列算法。

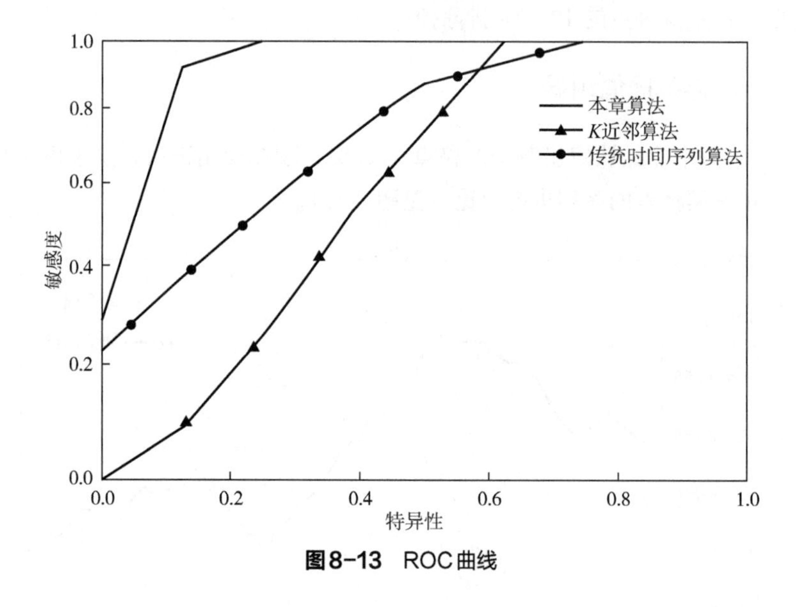

图8-13 ROC曲线

表8-4 AUC值表

检验结果变量	区域
本章算法	0.964
K 近邻算法	0.635
传统时间序列算法	0.797

8.5 本章小结

本章对北斗信号特点以及实际接收数据情况进行分析后，提出了一种基于传统时间序列的改进算法，并对算法做了介绍、分析和推导。该算法有深厚的理论基础，通过实验也证明了该方法的可行性。本章从短期和长期两个角度分别进行了研究，结果表明，此算法能准确找到漂移点的位置，同时对连续异常值的检测也有较好的效果。相信随着算法的改进和硬件水平的提高，相关算法也会日益完善。

CHAPTER 9

第9章 农业物联网中的数据融合技术

多模态数据融合是农业物联网的关键问题，海量数据经过融合处理后，才能提供精准的智能决策。因此，本章结合前文研究内容，针对农业物联网，特别是智慧农机中的各类数据融合的特殊应用场景，选择卡尔曼滤波模型对采集到的各种数据进行融合处理，将处理后的数据与其他的特征数据作为输入，传输到贝叶斯网络中，最后实现对农机耕作情况的实时监测与管理。

9.1 概述

随着我国农业现代化的推进，农村产业振兴呈现良好开局。但同时也能看到，在我国的农耕事业建设中，现代化建设不够快速，农民使用的农耕设备不够先进、智能，这些问题制约着我国农业的发展质量与效率的提高。

在本章中，利用由农机硬件数据采集系统获取到的海量数据，通过应用有效的处理方法，将相关硬件传感器测量的数据进行数据清洗与融合，提升数据的精确度，使得大批量的农机数据用于农机智能化，让这些“大数据”创造价值，将互联网技术应用于农业，使得普通农机更加数字化，利用互联网技术推动农业机械化的进一步发展。

9.2 研究现状

当前农机的检测主要利用硬件设备监测与显示，数据不够精确，且无法满足农民随时随地方便快捷地查看农机作业情况的需求，另外硬件设备具有使用寿命，在一定程度上有成本损耗。农机作业产生了海量的多模态数据，在对这些数据进行融合时，面临着很多挑战，吸引着大量学者进行深入研究。

Zheng 等在文献中提出，在数据呈指数增长的大数据时代，数据融合显得十分必要，同时对跨领域的数据融合技术进行总结，分为基于阶段的数据融合、基于特征的数据融合和基于语义的数据融合，并介绍了深度学习网络与各类数据融合方法相互结合工作的理论知识和工作流程。Gao 等提出当代多模态数据多种类、高速度的特点，总结了深度学习技术在多模态数据融合领域的应用，讨论了深度学习在多模态数据融合领域面临的问题。Feng 等将数据融合技术加入协同过滤算法计算的过程中，在协同滤波矩阵分解模型之上，同时考虑多因素的相似度与全局评分信息，提升了算法预测效果和鲁棒性。林海伦等论述了基于贝叶斯的融合方法、基于 D-S 证据理论的融合方法、基于模糊集理论的融合方法和基于图模型的融合方法的优缺点。基于贝叶斯的融合方法计算简单直接，但要求已知的数据类型之间相互独立，且要求有已知的历史数据来计算假设概率；基于 D-S 证据理论的融合方法与基于贝叶斯的融合方法的要求类似，且不利于处理种类繁多的数据集；基于模糊集理论的融合方法将贝叶斯与 D-S 集合，可以同时处理不确定、不精确的数据信息，但是要依靠经验设置参数，无法保证融合效果的稳定性；而基于图模型的融合方法则利用已知数据拟合模型、分配概率，借助辅助信息保证了高准确率。崔艳玲等提出通过融合车检器车速（即车检器报告的车速）与信令车速（即根据信令记录估算的车速）计算出指定车辆的形式速率，进而用来对高速公路的具体交通状况进行实时的检测。刘冰玉等提出通过将微博网络映射为有向加权网络，计算博文之间的语义相似度，挖掘微博社区实现语义分析，并对社区进行兴趣分块。匡秋明等提出对已知的几类数据和对应的阴晴数据利用随机森林算法分别建立模型，随后利用多视角权重随机森林方法，实现对天气的较为精准的预测。

在当前的多模态数据融合实现的场景中，多模态数据的融合大多用于处理相关数据，并将其作为一类算法的输入，进而使得目标结果更加精确实用。另外，其他应用场景在互联网应用、机器人跟踪与智能汽车等领域，较少用于农业场景内。

9.3 数据融合理论

智慧农机是数据融合在本章中的主要应用，给人们带来更便捷、更智能的体现是本章想要通过数据融合进一步提升的目标。针对智慧农机的各项功能、各类数据融合的应用场景，本章选择卡尔曼滤波模型对农机采集到的各种数据进行处理，将处理后的数据与其他的特征数据作为输入，传输到贝叶斯网络中，最后实现对农机耕作情况的监测。

9.3.1 多模态数据融合

随着互联网技术的发展，各个产业内，数据的产出也在飞速增长，而这些海量数据也各有不同。海量数据的出现，让数据不再成为占用存储的“垃圾”，而多维数据的出现，也让数据的利用价值直线上升。多模态数据融合成为各个领域的热门研究领域。

多模态数据，指的是对同一个对象，它的描述方式不同（领域或视角不同），把描述这些数据的每一个领域或者视角叫作一个模态（modality），通常有以下三种表现形式：

① 来自不同传感器的同一类媒体数据。如在医学影像学中，不同的检查设备产生的图像数据，包括 B 超、核磁共振以及计算机断层扫描（CT）等；在物联网背景下，不同的传感器所检测到的同一对象的各种数据等。

② 描述同一对象的多媒体数据。如在互联网环境下，描述某一特定对象的文本、图片、语音、视频等信息。

③ 具有不同的数据结构特点、表示形式的表意符号与信息。如描述同一对象的结构化、非结构化的数据单元；描述同一数学概念的公式、逻辑符号、函数图及解释性文本。

对于多模态数据学习的目的是通过不同特征集的互补融合，再联合学习各模态数据的潜在共享信息，进而大幅提升数据任务的有效性。

针对多模态的数据，有着不同的应用场景，典型的应用场景有物联网、自动驾驶等。因此，融合它的具体方式也就各有千秋，具体分为：基于阶段、基于特征与基于语义的数据融合算法。

（1）基于阶段的数据融合

在一些复杂的应用系统中，为计算出所求数据，通常需要几个算法联合，以便于下一步的计算。而针对不同的算法，不同的数据集会有着不同的效果。因此，基于阶段的数据融合，就是指通过在不同阶段的计算进度中，利用不同的数据集，合理地利用多维度的数据，使算法的精确度获得大幅度的提升。这需要在了解对应阶段的所求目标的基础之上，挑选合适的数据集应用在合适的时间。

基于阶段的数据融合的特点是它不需要模态数据间的一致性，即不同模态数据间处于松耦合状态。例如在区域图的划分与区域图的构建中，模态指的是路网和出租车轨迹；而在好友推荐系统中，模态则是指空间点的静态分类数据及空间轨迹数据。

（2）基于特征的数据融合

数据的来源，在于机器的工作、人们的选择等生活中的各个方面，而不同的工作、选择对应的就是数据的不同维度、不同的特征。随着互联网的普及，各类硬件收集到的数据，以及人们在互联网上留下的行为数据在迅速增长的同时，维度也在迅速扩张，不再单一。基于特征的数据融合就是利用数据的这一特点，而产生的一种数据融合的方法。

首先，需要事先分析数据各个特征的意义、价值，挑选部分特征数据进行数据融合，从而产生更加适合的、让所求数据精确度更高的一列数据作为输入。而对应的数据特征融合的工具，通常是深度神经网络。利用神经网络的多层迭代，合理、恰当地分配所选特征在相关问题中所占有的影响比例，智能地处理多模态的数据，获得新的融合特征，这就是基于不同特征的数据融合。

在当今时代，大数据应用领域中，个性化的推荐就是基于特征的数据融合的一个很好的应用场景，通过综合考虑目标用户的各类行为、选择等活动数据，判断各个行为对于用户的最终选择的影响程度，将影响程度量化，最后融合成一种适用于推荐系统的“新特征”数据，从而使得推荐系统更加智能、高效、精准，让目标用户更加满意，提高用户的体验，便捷人们的生活，同时也让商家合理获利，精准了解客户需求，提升服务质量。

（3）基于语义的数据融合

基于语义的数据融合，意如其名，就是以加入人为思考理解为基础，将不同维度的数据进行融合，在考虑数据之间的隐藏关系的同时，再加以利用人类解决问题的方法。之后再将不同类别的特征数据进行融合，使得解决问题的效果提高、符合人们需要。显然，这类数据融合的实现，需要操作者对数据类别的熟悉、理解和掌握。

现有的基于语义的数据融合方法大致可以分为五种，即多核学习方法、共训练方法、概率依赖方法、子空间学习方法以及迁移学习方法。

① 多核学习方法是指利用预定义的一组核函数，试图学习一个基于核函数的优化的线性或非线性的组合。

② 共训练方法则是通过轮流训练使得两个模态数据的协同度达到最大。这里有三个需求，分别为基于共生特征的两个模态的目标函数都能以较高的概率预测到相同的数据类标签、每一个模态都应有充分的数据以及给定的类标签、其模态间的条件满足独立性。

③ 概率依赖方法是一个概率模型，它能够弥补不同模态数据的语义偏差。

④ 子空间学习方法是假设所有的模态都能投影到同一个语义共享子空间，这里要求共享子空间的特征维度要小于任何一个模态数据的维度，最后在这个子空间

内完成聚类、分类等一系列的数据挖掘任务。

⑤ 迁移学习方法可以通过不同的域(不同的特征分布、特征空间)的有效融合，从而完成各种数据知识的大规模跨域迁移分析。

9.3.2 卡尔曼滤波

卡尔曼滤波是一种求优类算法，具体利用的是线性系统中的状态方程。所谓线性系统，就是输出与输入呈一定的线性关系，同时，在将系统中的观测数据输入卡尔曼滤波算法之后，观测数据中的噪声、误差数据会有明显的降低效果，使得具有误差的数据更加贴近真实数据，因此多应用于导航系统、控制系统领域中。

(1) 状态空间表达式

所谓状态空间表达式，就是对一个控制系统所处状态的具体且动态的描述。在控制理论这门经典实用的学科理论中，有着以下定义：常微分方程或者是传递函数，可以被用来描述一个线性定常系统。这样的表示方法让整个系统具象化，进而将系统的输出变量清晰地展现出来，使得整个系统的输入能够直接地与其联系在一起，为人们分析系统、提高系统的效率与性能提供帮助、理清思路。

在状态空间表达式中，包含了两类方程，分别是状态方程和观测方程。方程的具体形式与系统中状态变量的选取有着密切的关系，较易观测的变量更适合选为系统的状态变量。

状态空间表达式中状态方程如式 (9-1)：

$$x_k = Ax_{k-1} + Bu_k + w_k \tag{9-1}$$

式中，x_k 是在 k 时间，所求数据的状态，是当前状态的当前值；x_{k-1} 是 $k-1$ 时间，即上一个时间的状态对应的数值；u_k 是系统中，为求出 x_k 而输入系统中的输入数据；w_k 是过程噪声，即在系统工作时，与理想状态不同步，会受到环境等因素的影响而产生的误差。

观测方程的表现形式具体如式 (9-2)：

$$y_k = Cx_k + v_k \tag{9-2}$$

式中，v_k 是观测噪声，与观测时间会出现的误差有关。

系统具体模型如图 9-1 所示。

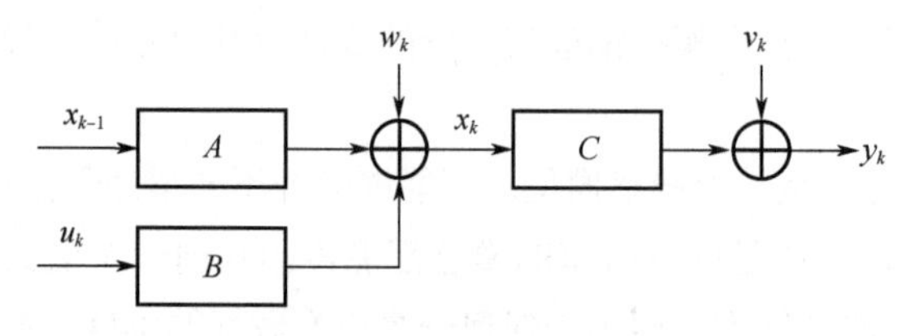

图9-1 状态空间表示图

其中，过程噪声 w_k 与观测噪声 v_k 都符合正态分布，属于高斯白噪声。

（2）卡尔曼公式

所谓卡尔曼滤波算法，其实就是将输入的数据与噪声分别加权，之后再进行计算，以达到使噪声减弱的目的。理想的滤波状态如下：

$$信号 \times 1+ 噪声 \times 0$$

在卡尔曼滤波中，信号代表的是在系统中的估计值，噪声代表的是观测值。因此，本章工作的具体思路，就是通过更改估计值和观测值的权重，使得数据的噪声减弱，贴近真实值。

卡尔曼滤波算法具有自己的适应系统：线性高斯系统。所谓的线性系统，就是系统中的输入、输出之间满足叠加性与齐次性，见图 9-2。

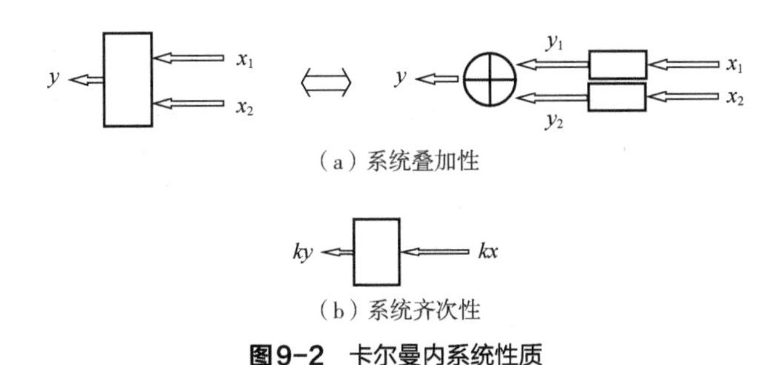

（a）系统叠加性

（b）系统齐次性

图9-2　卡尔曼内系统性质

即输入变量的和经过系统之后得到的结果 y，与变量分别由系统处理后再相加和的 y 是相同的。且在输入变量放大 k 倍之后，经过系统计算，输出变量也同样扩大 k 倍。所谓的高斯系统，就是指在系统中，数据的噪声满足正态分布。

卡尔曼滤波的具体工作流程，就是利用上一时刻的最优结果，估计预测当前时间的值，同时结合这一时刻的观测值进行修正，从而得到更加精确的最优的目标数据。卡尔曼滤波中，卡尔曼公式滤波时间更新部分公式如式（9-3）：

$$\begin{aligned} \hat{x}_{\bar{k}} &= \boldsymbol{A}\hat{x}_{k-1} + \boldsymbol{B}u_{k-1} \\ P_{\bar{k}} &= \boldsymbol{A}P_{k-1}\boldsymbol{A}^{\mathrm{T}} + Q \end{aligned} \tag{9-3}$$

卡尔曼滤波器状态更新部分公式如式（9-4）：

$$K_k = \frac{P_{\bar{k}}\boldsymbol{H}^{\mathrm{T}}}{\boldsymbol{H}P_{\bar{k}}\boldsymbol{H}^{\mathrm{T}} + R} \tag{9-4}$$

$$\overline{x}_k = \hat{x}_{\bar{k}} + K_k(z_k - \boldsymbol{H}\hat{x}_{\bar{k}})$$

$$P_k = (I - K_k\boldsymbol{H})P_{\bar{k}}$$

式中，$\hat{x}_{k-1}$ 和 $\hat{x}_k$ 表示在 k−1 和 k 时刻的后验估计值，即最优估计，是卡尔曼滤波的计算结果；$\hat{x}_{\bar{k}}$ 表示 k 时刻的先验估计值；P_{k-1} 和 P_k 表示 $k-1$ 时刻和 k 时刻的后验估计方差；$P_{\bar{k}}$ 表示 k 时刻的先验估计方差；$\boldsymbol{H}$ 为状态变量的转换矩阵；z_k 为测量值，是卡尔曼滤波的输入；K_k 为卡尔曼系数；$\boldsymbol{A}$ 表示状态转移矩阵；Q 与 R 分别表示过程噪声的协方差与观测噪声的协方差；$\boldsymbol{B}$ 是将输入转换为状态的矩阵。$z_k-\boldsymbol{H}\hat{x}_{\bar{k}}$ 与卡尔曼系数一起修正先验估计值，得到最优估计值即滤波结果。

9.3.3 朴素贝叶斯算法

朴素贝叶斯是分类方法的其中一种，其根基就是贝叶斯定理和特征条件独立假设。朴素贝叶斯分类器是由古典数学理论，利用概率模型演化而来的分类器，是可以量化的，因此也被认为是一种效果平稳、恒定的分类器。

（1）贝叶斯定理

贝叶斯定理，所针对的问题是概率问题，即随机事件 A 和 B 的边缘概率。在概率统计学科当中，概率推理是一个十分重要的领域，通过给出的无法确定到具体的信息，作出决策或者对各种结果类型作出对应的概率估计。贝叶斯定理作为利用已知的、不确定的条件概率，来进行推理计算的定理，对人们的学习、判断与作出决策等行为都有重要意义。

贝叶斯定理具体为贝叶斯公式（9-5）：

$$P(B_i \mid A)=\frac{P(B_i)P(A \mid B_i)}{\sum_{j=1}^{n}P(B_j)P(A \mid B_j)} \tag{9-5}$$

式中，n 是 B 发生的种类数；$P(A|B_j)$ 是在 B_j 发生的情况之下，A 会发生的概率。

（2）朴素贝叶斯

正如名字所述，朴素贝叶斯是一种在贝叶斯定理基础之上所产生的算法，具体应用场景是将已知的信息、物品，根据已知的一些特征数据进行自主分类。对于算法输入数据中会出现的缺失数据，其对于朴素贝叶斯的分类效果没有较大的影响，因此在本系统中，选择朴素贝叶斯模型，对农机的工作效果进行评价分类。

朴素贝叶斯不像贝叶斯算法那样场景复杂、计算麻烦，朴素贝叶斯将贝叶斯算法在一定程度上进行了修剪，即在朴素贝叶斯中，一般默认所要求的目标数值与已知的各类特征之间，是没有关系的，各类变量之间是条件独立的关系。

朴素贝叶斯分类算法，将给定的训练集作为“学习”的基础，在算法系统中，假定各类数据特征之间是相互独立、没关系的，以此为朴素贝叶斯分类算法的工作前提。作为算法输入的训练集，其中包含了目标输出数据与输入的各类特征数据，在学习了训练集中特征输入与目标输出之间所存在的联合概率分布关系之后，朴素贝叶斯针对这一数据集，即应用场景，建立合适的模型、选择合理的权重比例；对于其他作为输入的特征数据，朴素贝叶斯算法将对应地计算，并输出后验概率最大的目标。

假设有作为算法训练集的数据集 $D=\{d_1, d_2, \cdots, d_n\}$，其中 n 表示数据集的行数，即数据多少。在数据集中，有作为算法输入数据的特征数据集 $X=\{x_1, x_2, \cdots, x_d\}$，其中每一个 x_i 都是 m 维的一列数据，m 对应的是输入数据的特征属性的数量。另外，数据集中存在作为目标输出数据的 $Y=\{y_1, y_2, \cdots, y_m\}$，分别对应着 x_i 的输出。在 $Y=\{y_1, y_2, \cdots, y_m\}$ 中，y_i 根据目标输出的种类数量 o，可以分成 o 种输出变量，最后会用来将分类的结果汇总。通过训练集中的输入、输出数据，朴素贝叶斯算法可以学习得到当前场景下，作为输出变量 Y 的后验概率 P_{post}，具体计算如公式（9-6）：

$$P_{\text{post}}=P(Y \mid X)=\frac{P(Y)P(X \mid Y)}{P(X)} \tag{9-6}$$

由于在朴素贝叶斯的应用场景中，作为输入数据的数据特征之间是相互独立的，因此，在给定类别，即目标输出数据为 y_i 的时候，公式（9-6）可以进一步计算、推演成公式（9-7）：

$$P(X \mid Y=y)=\prod_{i=1}^{d} P(x_i \mid Y=y) \tag{9-7}$$

结合式（9-5）、式（9-6），可以推演得到在朴素贝叶斯中，目标输出 Y 针对输入数据 x_i 的后验概率，如公式（9-8）：

$$P_{\text{post}}=P(Y \mid X)=\frac{P(Y)\prod_{i=1}^{d} P(x_i \mid Y)}{P(X)} \tag{9-8}$$

在得到后验概率的计算公式之后，结合朴素贝叶斯的具体应用场景，$P(X)$的值是不会产生变化的，因此通过计算、转换，得到输入特征数据 x_i 属于目标输出数据 y_i 的概率为公式（9-9）：

$$P(y_i \mid x_1, x_2, \cdots, x_d)=\frac{P(y_i)\prod_{j=1}^{d} P(x_j \mid y_i)}{\prod_{j=1}^{d} P(x_j)} \tag{9-9}$$

朴素贝叶斯算法在计算方面有着强大的数学理论的支撑，正因为如此，朴素贝叶斯分类器与其他分类器相比，得到的结果更平稳，受到输入数据缺失值的影响也较小。

9.4　多模态数据的融合与分析

在我国的东北地区，农耕作业范围是十分广阔的。在农机进行耕地的过程中，农机耕作的数据维度是稳定且具有多个种类的。而在这些农机工作数据中，农机的地理位置是由北斗监测得到的，虽然北斗位置监测技术已经日益成熟，但在实际应用场景中，北斗监测到的农机位置，常常与真实的工作位置有着或大或小的偏差。这种误差的出现，影响着用户对农机位置的实时监测，更影响着作业面积的计算、显示。

因此，本章提出一种基于卡尔曼滤波与朴素贝叶斯的多模态数据融合与分析方法。利用卡尔曼滤波算法，将经过北斗监测得到的经度、纬度数据换算得出的作业距离作为监测数据，再将由速度、时间计算出的农机作业距离作为理论数据，除去数据噪声，获得更加精确的农机作业距离数据，即目标农机的耕作面积。

农机作业简化图如图 9-3 所示。

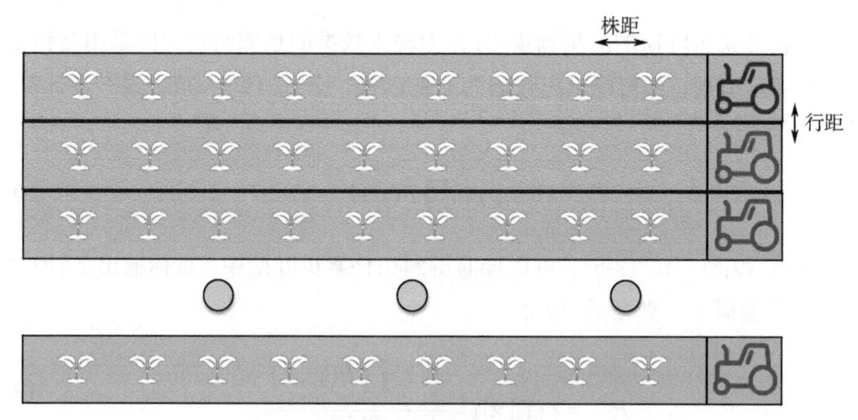

图9-3　农机作业简化图

另外，考虑农机工作数据的维度多样、数据平整，以及用户监测农机的需要，本章提出将农机的播种量、施肥量、速度对应的农机工作数据相互结合，利用朴素贝叶斯网络分析数据对农机工作效果的具体影响，生成对应的模型，判断农机的工作效果，从而在农机出现宕机异常时，可以及时汇报给用户，防止因未及时发现农机异常而造成损失。

农机的工作数据是由安装在农机上的传感器收集的，这些工作数据会按照设定的间隔时间，将数据发送到基站进行汇总，因此本系统在已有的数据采集端，可以采集到系统所需要的数据内容。

本章所应用到的数据已经整合到 csv 文件中，编码方式为 UTF-8。

（1）基本思想

本章提出的基于卡尔曼滤波与朴素贝叶斯的数据融合与分析的算法，是在数据处理层的算法，用来对已经收集到的数据进行处理、融合、分析。

传感器是高度自动化的系统的基础组成，但是由传感器传输得来的数据是不稳定的。理论上传感器的数据，是一种理想化的状态，但在实际的应用场景中，传感器测量数据时，会受到环境的影响，且农机是运动的，农机耕作环境是复杂的，容易造成传感器监测位置的偏移，以至于数据传输过来后会造成数据的缺失。但是本章研究的场景，农机工作时，其数据是稳定的，因此，对于数据集的缺失值问题，用平均值代替是一个合理的选择。

在对数据进行处理后，卡尔曼滤波算法作为将数据进行“过滤”的算法，可以有效提升数据的准确度。而针对农机位置数据的偏差较大、噪声较多的问题，应用卡尔曼滤波是个合适的选择。

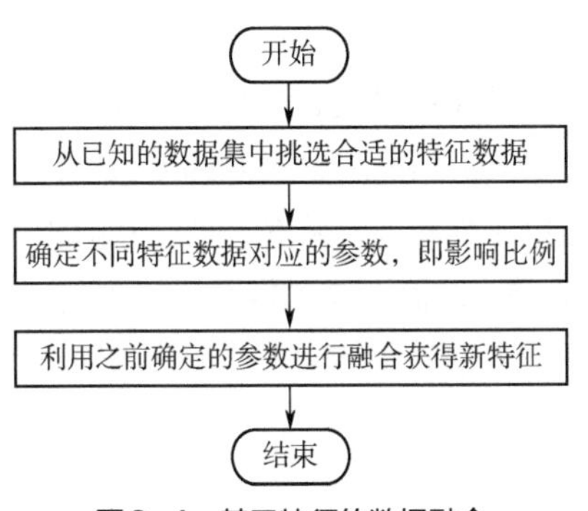

图9-4　基于特征的数据融合

本章考虑的基于特征的数据融合方法，如图 9-4 所示。

在本章的应用场景中，每一次使用的由北斗监测得到的农机工作位置数据的意义，是农机工作一趟的农机作业位置变化情况。因此，如果已有的数据是农机多趟作业而产生的大量数据，则需要按照其经纬度将这些数据进行分组。

具体实现方式为：将经度或纬度变化较少的数据分为一组。因为农机在田间工作一趟的过程中，随着时间的变化，农机行驶的轨迹形状可以拟合为一条直线。且在农机工作的过程中，安装在农机上的传感器每隔固定时间，就会将监测到的农机作业数据传送到基站进行汇总。而在这一段间隔的时间中，农机会按照其行驶方向移动可以观测到的、与误差噪声可以明显区分的一段距离。因此，可以按照精度、维度在间隔时间内变化的步长，对大量的位置数据进行分组。在将数据处理完成之后，按照经纬度数据与距离的换算方式，计算出在时间间隔内，农机从开始工作到当前时间节点的工作距离，并将其作为卡尔曼滤波的观测数据，即有噪声的数据。在输入带有噪声的观测数据到卡尔曼滤波模型之后，根据模型特征，应当输入真实数据再对观测数据进行去噪处理。

而在本章所应用的场景中，农机的作业速度和时间是已知的，按照“距离=速度×时间”的公式，可以计算出农机耕作一趟的理论作业距离，并将其作为卡尔曼滤波算法中的准确数据。随后，卡尔曼滤波算法将会按照时间序列，更新农机在耕作过程中与初始位置的距离。在这个按照时间排列的距离数组中，数组的最后一个数据，表示的是农机的最终作业距离。在农机工作一趟的作业距离计算完成后，将其乘以设定好的行距数据，就可以得到农机运行一趟后，在农田中工作的实际面积。这样利用经过卡尔曼滤波算法处理后得到的数据，可以让农机工作面积数据在更精准的同时，还能保证数据的真实性。

在数据融合阶段结束之后，系统进入对多模态的农机工作数据分析的阶段。在本章提出的系统中，主要是针对农机的工作数据：作业速度、施肥量与播种量，利用朴素贝叶斯算法进行数据分析。具体将历史农机工作数据作为测试集，获得各个数据特征的值与农机工作状态的具体关系，建造合适的朴素贝叶斯模型。随后将农机工作状态未知的数据作为已经得到的朴素贝叶斯算法模型的输入，根据所得概率，判断农机工作的具体状态。

农机的工作状态主要分为两个类别：正常、异常。

（2）组织结构

本章研究的具体应用场景为：收集农机耕作的北斗监测采集到的数据，其中具体收集北斗监测采集到的经度和纬度数据。在农机工作的过程中，通过经纬度数据，可以计算出起始位置与最终位置，转换成农机的最终工作距离，将其与理论数据相结合，利用卡尔曼滤波，更精准地测量农机的耕作范围，进而计算工作面积。随后，将农机在田间的工作面积与其他工作数据作为特征输入，利用朴素贝叶斯分类器，对农机工作效果进行分析。

系统的整体工作流程如图 9-5 所示。

系统首先通过卡尔曼滤波，将农机作业的速度、运行时间与北斗监测的农机作业位置数据进行数据融合，在一定程度上减少数据的噪声，获得更加精确的作业距离；随后再与行距数据相乘，从而得到农机的作业面积。

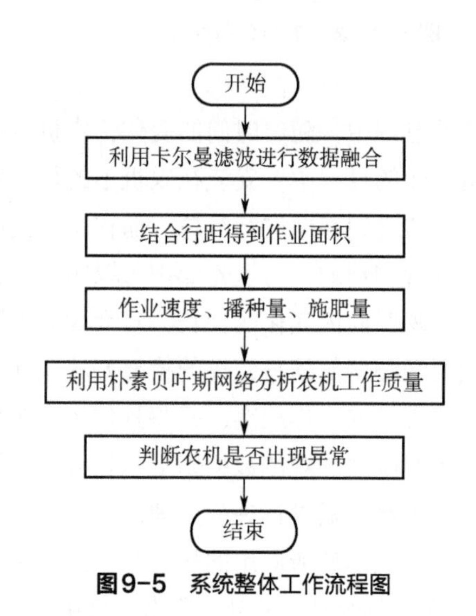

图9-5　系统整体工作流程图

在得到农机在田地中的作业面积之后，系统就完成了数据融合的初步阶段，随后就将农机在田地中的作业速度、施肥量、播种量、作业面积作为输入数据，输入朴素贝叶斯模型之中。根据已知的数据集，利用朴素贝叶斯训练、学习出对应于工作农机的分类模型，判断农机的工作效果，即是否出现异常情况。在这一步中，利用农机在田间作业的多维度数据，进行分析研究，这是基于阶段的数据融合方法的体现，也是数据分析在农机作业领域的具体应用情况。

在本章所提出的算法中，基于卡尔曼滤波的数据融合是整体系统对多维的农机工作数据进行融合的第一部分。这一部分的目的，就是去除北斗监测过程中产生的噪声。先将北斗监测得到的经纬度数据转换为农机的作业距离 y_k，再利用农机的作业速度与时间结合，得到理论上的作业距离 x_k，利用卡尔曼滤波将二者融合，得到更加精确的农机作业距离 $\hat{x}_k$，随后结合行距数据，得到农机的作业面积。

卡尔曼滤波在农机作业数据中的应用如图 9-6 所示。

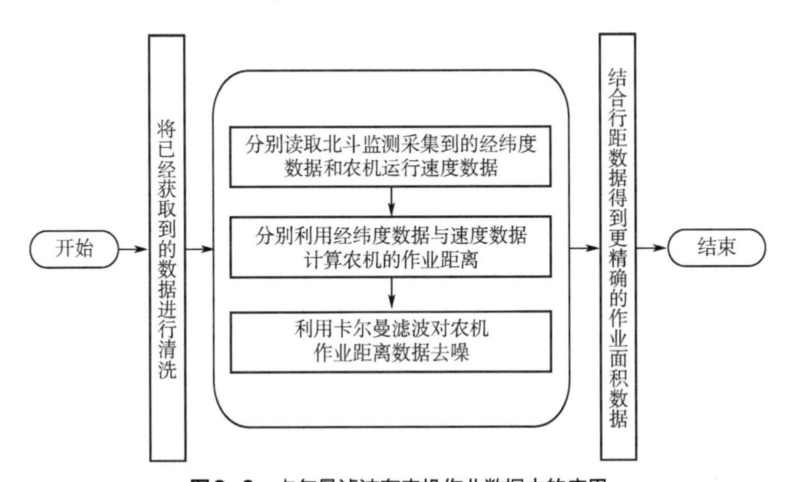

图9-6　卡尔曼滤波在农机作业数据中的应用

本章所提出的是合理利用农机在农田中作业时生成的多维工作数据，通过数据融合,产生用户需要的监测数据,并利用数据融合与分析系统对这些数据进行分析。在农机作业过程中，虽然产生的数据的维度有多样性，但每个维度在正常工作的过程中，其具体的数据都是稳定、有规律的。在这种条件下，收集到的数据可能存在的问题，大多是由于信号问题而产生的缺失值。结合农机工作数据的特点，平均值能更好地代表农机的具体工作状态。因此,在数据清洗阶段,对于数据集中异常值、缺失值的处理，本章所提算法都通过平均值来进行填补，通过平均值填补缺失值、异常值的方法，可以有效地使得整体数据集误差较小，且适用于所用算法，进而防止由离群值、缺失值的出现而造成的算法精确度不稳定的问题。

在数据清洗结束之后，农机的经纬度数据以时间序列的顺序排列存放于数据集中。为计算出农机的作业距离，将位置数据的精度、维度转换，按照时间序列，分别计算对应时刻农机所在位置到初始工作地点的距离 y_k。由于安装在农机上的传感器每隔固定时间就会将数据传送到基站，因此数据集中每一行数据之间的时间差都是固定的，根据这一时间差以及农机的作业速度，可以推算出每一时刻的农机在理论上的作业距离 x_k。分别将 y_k 与 x_k 作为观测数据、真实数据输入卡尔曼滤波算法中，在卡尔曼滤波算法的工作下，将农机在田间工作一趟的作业距离去噪，提升精确度，得到更加精确的农机作业距离 $\hat{x}_k$。再根据 $\hat{x}_k$ 与农田的行距，整合计算出农机在田间工作一趟时的作业面积。

随后，系统进入数据分析阶段。系统利用朴素贝叶斯算法，对农机工作数据的不同特征分析，判断农机是否在工作过程中出现异常。

朴素贝叶斯算法的工作流程如图 9-7 所示。

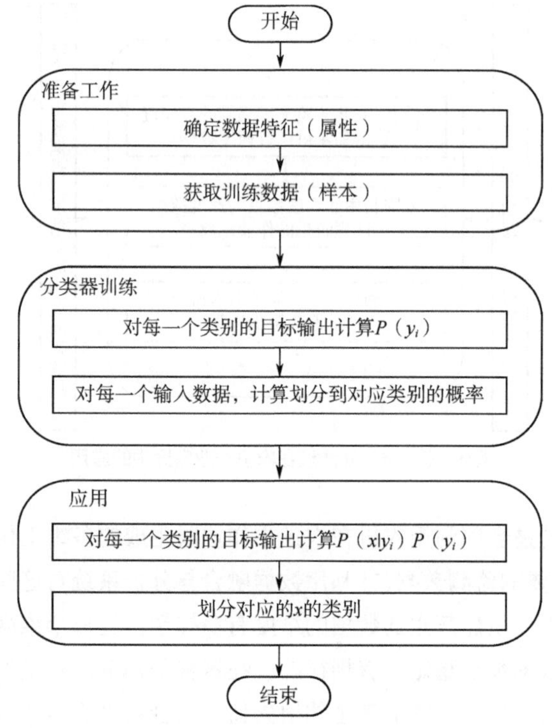

图9-7　朴素贝叶斯算法的工作流程

系统在数据分析阶段，通过利用朴素贝叶斯算法，分析农机在田地工作时的作业速度、施肥量、播种量对农机工作状态的影响比例，按照所得出的概率大小，对农机的工作状态进行评估分类。评估分类的标准，就是农机在田地中是否出现异常。

朴素贝叶斯在本系统中的具体工作流程如图 9-8 所示。

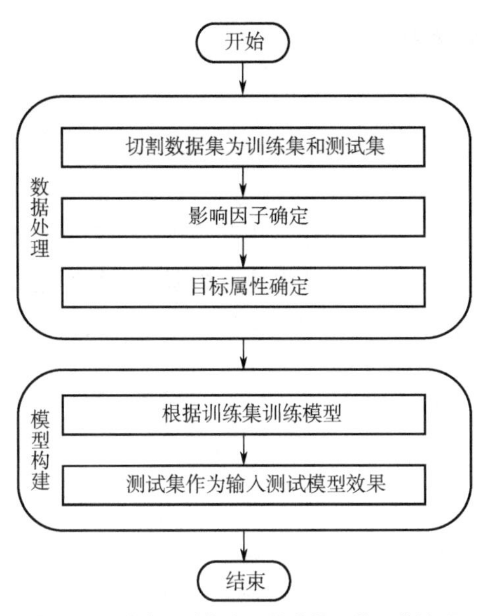

图9-8　朴素贝叶斯在系统中的具体工作流程

（3）算法实现

① 数据清洗。针对本章的应用场景，考虑将农机的工作数据作为算法的输入。但是，在这些数据中，偶尔会出现由网络不通、环境恶劣等产生的缺失数据、异常数据。为了避免由数据异常造成的结果精确度下降，应当将这些缺失数据、异常数据填补、更改。因为农机在正常工作时的运行数据是平稳、大量的，因此在本章研究的应用场景中，平均值是一个合适的填充值。在数据清洗阶段，通过计算其他数据的平均值，来对数据中的缺失值、异常值进行填充与更改。

② 数据融合。在本章研究的场景中，数据融合是系统的重要组成部分，包括基于特征的数据融合与数据分析。其中基于特征的数据融合是在处理数据时，使得步骤中利用的数据更加精确。具体为分别将由农机作业速度与位置经纬度计算出的农机作业距离数据作为输入，利用卡尔曼滤波算法，将作业距离数据进行计算与修订，随后再利用行距数据获取到农机的实际作业面积。

此外，考虑农机其他属性数据：作业速度、施肥量、播种量，将这些数据作为朴素贝叶斯算法的输入，具体数据形式见表9-1。利用朴素贝叶斯算法，对农机是否出现异常进行分析，从而实现对农机工作的有效监控。

表9-1　数据特征表

作业速度	施肥量	播种量	作业速度	施肥量	播种量
15	20	NaN	15	20	37
15	20	37	15	20	37
15	20	37			

9.5 实验结果与分析

9.5.1 数据清洗

本章所提应用场景中，数据集中会出现由于信号等问题造成的数据上的缺失，其缺失值比例为 7.14%，为了避免缺失值对模型的训练产生不必要的影响，本章根据农机工作数据平稳的特点，利用平均值填补缺失的数据。其效果如图 9-9 所示。

time	seedone	seedtwo	manure	speed	timeid	target
1/3/2020 09:36:41	15	15.0	20.0	5.0	25	1.0
1/3/2020 09:36:49	20	20.0	20.0	6.0	26	1.0
1/3/2020 09:37:03	25	25.0	20.0	8.0	27	1.0
1/3/2020 09:36:59	30	30.0	20.0	10.0	28	1.0
1/3/2020 09:36:57	35	35.0	20.0	13.0	29	1.0
8/8/2019 14:40:46	37	37.0	20.0	15.0	30	1.0
8/8/2019 14:40:48	37	37.0	20.0	15.0	31	1.0
8/8/2019 14:40:50	37	37.0	20.0	15.0	32	1.0
8/8/2019 14:40:52	37	37.0	20.0	15.0	33	1.0
8/8/2019 14:40:54	37	37.0	NaN	NaN	34	1.0
8/8/2019 14:40:56	37	NaN	NaN	NaN	35	1.0
8/8/2019 14:40:58	37	37.0	20.0	15.0	36	1.0
8/8/2019 14:41:00	37	37.0	20.0	15.0	37	1.0
8/8/2019 14:41:02	37	37.0	20.0	15.0	38	1.0
8/8/2019 14:41:04	37	37.0	20.0	15.0	39	1.0
8/8/2019 14:41:06	37	37.0	20.0	15.0	40	1.0
8/8/2019 14:41:08	37	37.0	2.0	0.0	41	0.0
8/8/2019 14:41:10	37	37.0	1.0	0.0	42	0.0
8/8/2019 14:41:12	37	37.0	20.0	15.0	43	1.0

（a）原数据集

time	seedone	seedtwo	manure	speed	timeid	target
1/3/2020 09:36:41	15	15	20	5.0	25	1.0
1/3/2020 09:36:49	20	20	20	6.0	26	1.0
1/3/2020 09:37:03	25	25	20	8.0	27	1.0
1/3/2020 09:36:59	30	30	20	10.0	28	1.0
1/3/2020 09:36:57	35	35	20	13.0	29	1.0
8/8/2019 14:40:46	37	37	20	15.0	30	1.0
8/8/2019 14:40:48	37	37	20	15.0	31	1.0
8/8/2019 14:40:50	37	37	20	15.0	32	1.0
8/8/2019 14:40:52	37	37	20	15.0	33	1.0
8/8/2019 14:40:54	37	37	20	15.0	34	1.0
8/8/2019 14:40:56	37	37	20	15.0	35	1.0
8/8/2019 14:40:58	37	37	20	15.0	36	1.0
8/8/2019 14:41:00	37	37	20	15.0	37	1.0
8/8/2019 14:41:02	37	37	20	15.0	38	1.0
8/8/2019 14:41:04	37	37	20	15.0	39	1.0
8/8/2019 14:41:06	37	37	20	15.0	40	1.0
8/8/2019 14:41:08	37	37	2	0.0	41	0.0
8/8/2019 14:41:10	37	37	1	0.0	42	0.0
8/8/2019 14:41:12	37	37	20	15.0	43	1.0

（b）处理缺失值数据后

图9-9 部分数据集展示

本章所提的针对智慧农机的多模态数据融合与分析，在实际应用中通过利用平均值填补的方法对缺失值进行处理，防止了缺失值对整体数据的影响，进而使得模型训练数据更加可靠。根据数据的特点对缺失值进行合适的处理，在数据预处理阶段提升模型的可靠程度。

9.5.2 基于卡尔曼滤波的数据融合

为了使农机的作业距离数据的计算更加精确、可靠，本章提出利用卡尔曼滤波数据，结合农机的经纬度数据与作业速度，通过计算，求出更加精确的农机作业距离。

在本章提出的场景中，通过观察数据集可知，安装在农机上的传感器，会以固定时间间隔，将收集到的农机作业数据发送到基站，进而做到实时地收集农机的作业信息。因此，在此场景中每隔 2s 就有新数据产生，即数据集中每一行数据之间，存在时间间隔为 2s。因此可以利用农机的作业速度，计算出在每一个时刻，农机所在位置与农机初始工作时的距离。

本章将由作业速度计算出的作业距离作为理论值，输入卡尔曼滤波算法中，对由经纬度转换计算出的作业距离进行处理，数据融合算法部分伪代码如表 9-2 所示。

表9-2 数据融合算法部分伪代码

```
Algorithm 3 数据融合算法
Input: 起点终点的经度和纬度
Output: 两点之间的距离
1: function GETDISTANCE(lat A, lon A, lat B, lon B)
2:    ra←6378140
3:    rb←6356755
4:    flatten←(ra − rb)/ra
5:    radLat A←math.radians(lat A)
6:    radLon A←math.radians(lon A)
7:    radLat B←math.radians(lat B)
8:    radLon B←math.radians(lon B)
9:    pA←math.atan(rb/ra * math.tan(radLat A))
10:     pB←math.atan(rb/ra * math.tan(radLat B))
11:     x←math.acos(math.sin(pA) * math.sin(pB) + math. cos(pA) * math.cos(pB) * math.cos(radLon A − radLon B))
12:     c1 ← (math.sin(x) − x) * (math.sin(pA) + math.sin(pB) * *2/math.cos(x/2)* *2
13:     c2←(math.sin(x) + (x) * (math.sin(pA) − math.sin(pB)) * *2/math.sin(x/2) * *2
14:     dr←flatten/8*(c1− c2)
15:     distance←ra*(x+ dr)
16:     distance←round(distance/1000,4)
17:     return distance
18: end function
```

本章将由作业速度计算出的作业距离作为理论值，输入卡尔曼滤波算法中，对由经纬度转换计算出的作业距离进行修订，其中经纬度的距离换算规则如下。

（1）在纬度相等的情况下

经度数据之间每相差 0.00001°，则作业距离约为 1m；

经度数据之间每相差 0.0001°，则作业距离约为 10m；

经度数据之间每相差 0.001°，则作业距离约为 100m；

经度数据之间每相差 0.01°，则作业距离约为 1000m；

经度数据之间每相差 0.1°，则作业距离约为 10000m。

（2）在经度相等的情况下

纬度数据之间每相差 0.00001°，则作业距离约为 1.1m；

纬度数据之间每相差 0.0001°，则作业距离约为 11m；

纬度数据之间每相差 0.001°，则作业距离约为 111m；

纬度数据之间每相差 0.01°，则作业距离约为 1113m；

纬度数据之间每相差 0.1°，则作业距离约为 11132m。

在本章所用到的数据集中，数据按照时间顺序逐一排列，因此在实验过程中，为使数据更易于调用，将每一个时间以十进制的整数形式进行编号。随后利用农机作业的经纬度数据，逐一计算在每一个新时刻，农机所在的工作位置与其工作起点的距离。最后，结合由农机的作业速度与时间间隔计算而获得的作业距离数据，利用卡尔曼滤波算法，对农机的作业距离数据进行修订，使得数据更加精确、可靠。效果如图 9-10 所示。

为进一步了解农机的作业特点，将农机在田间作业一趟的轨迹数据可视化，可得到图 9-11。

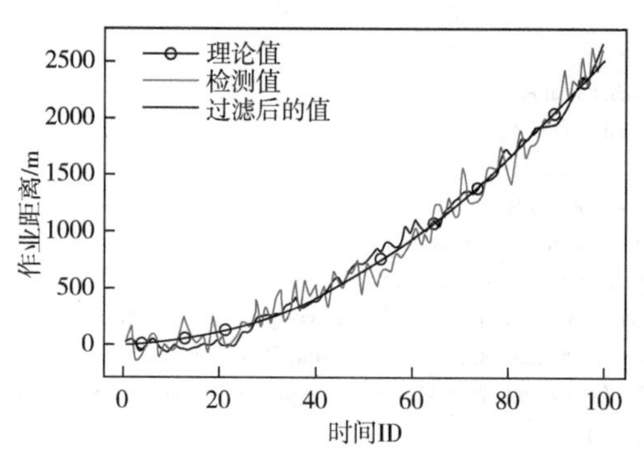

图 9-10　卡尔曼滤波过滤农机作业距离效果

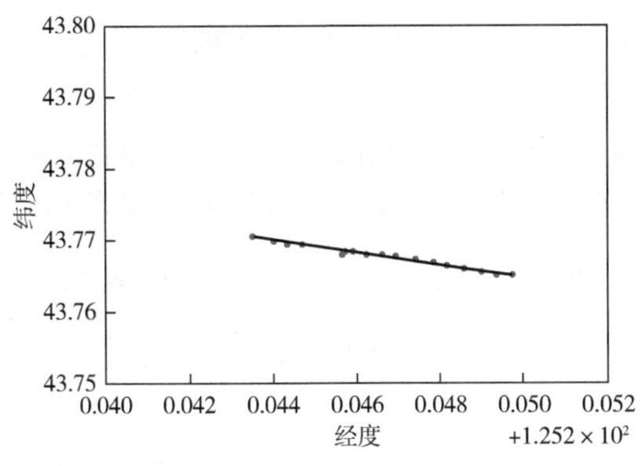

图 9-11　农机作业一趟的轨迹

由图 9-11 可知，农机作业一次时的作业面积与长方形等同，因此根据长方形求面积的公式可以推算得到，作业一次的面积为行距×作业距离。最终，根据模拟实验数据，可以得到农机作业的总距离为 0.782km，假设行距为 1m，可知农机作业面积为 782m²。

9.5.3　基于朴素贝叶斯的数据分析

本章所提场景中的贝叶斯模型如图 9-12 所示。

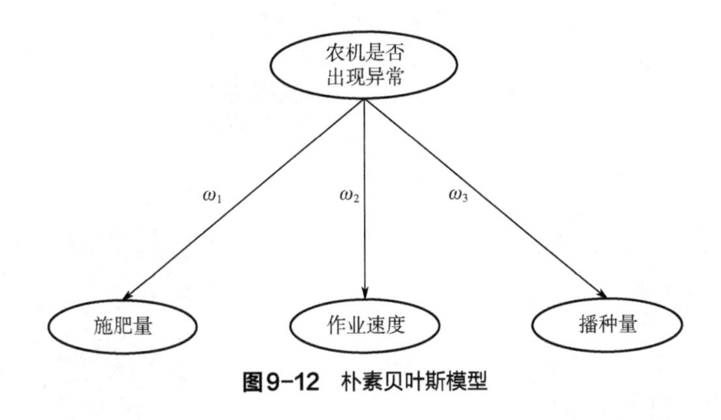

图 9-12　朴素贝叶斯模型

将农机的工作状况分为两类，在数据集中编码为 0 与 1，分别代表农机工作异常与工作正常。具体编码方式如表 9-3 所示。

表 9-3　部分数据集展示

施肥量	作业速度	播种量	运行状况
20	15	NaN	0
20	15	37	1
20	15	37	1
20	15	37	1

将数据集分割为训练集与测试集，其中，训练集用于训练出适合于本场景的朴素贝叶斯算法模型，建立模型后，将测试集数据作为模拟数据输入已建立的模型中，预测农机的运行状况，其中农机运行状况编码为 0 与 1，0 对应为农机出现异常状态，1 则对应为农机工作正常状态，其中具体的概率结果与最终标签归类如表 9-4 所示。

表9-4　部分训练集中朴素贝叶斯归类效果表

结果概率	最终标签	结果概率	最终标签	结果概率	最终标签
0.645	1	0.325	0	0.851	1
0.786	1	0.214	0	0.546	1

在 Python 的 sklearn 库中，高斯贝叶斯在二分类的问题上具有较好的效果，高斯贝叶斯分类器对不同类型数据的效果如图 9-13 所示。

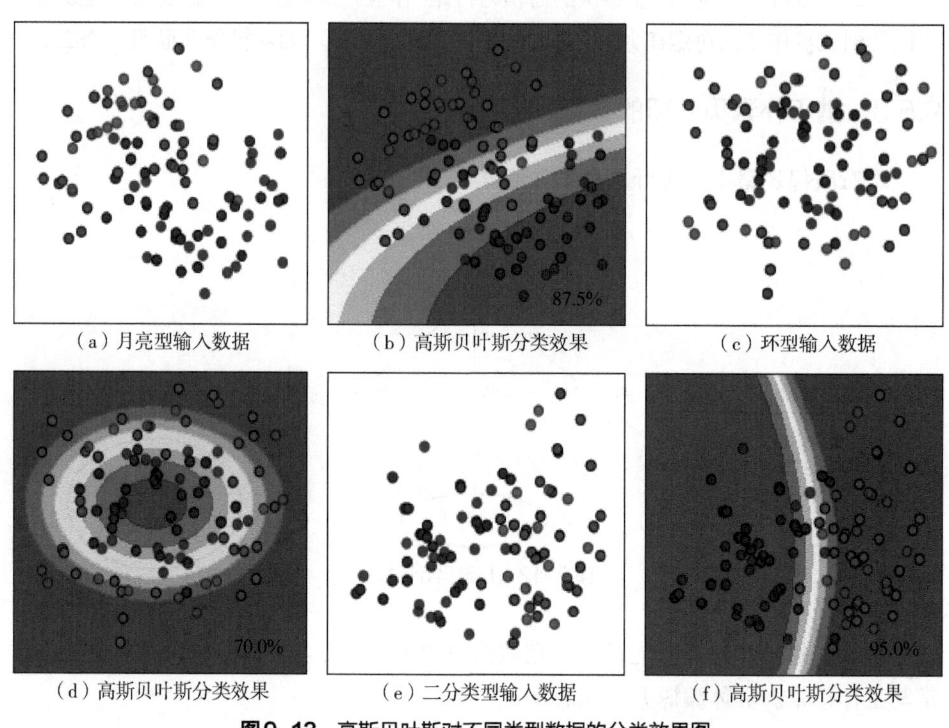

（a）月亮型输入数据　（b）高斯贝叶斯分类效果　（c）环型输入数据

（d）高斯贝叶斯分类效果　（e）二分类型输入数据　（f）高斯贝叶斯分类效果

图9-13　高斯贝叶斯对不同类型数据的分类效果图

因此，针对本系统中农机是否异常的分类预测，考虑利用高斯贝叶斯进行分类，通过代码计算得出朴素贝叶斯模型在本数据集中表现的算法准确率为 95.1%，部分测试数据与预测结果如图 9-14 所示，效果良好。

time	seedone	seedtwo	manure	speed	timeid	target
8/8/2019 15:28:46	37	37	20	4	1	1
8/8/2019 15:28:48	37	37	20	15	2	1
8/8/2019 15:52:03	37	37	20	15	3	1
8/8/2019 15:52:05	37	37	20	15	4	1
8/8/2019 15:52:07	37	37	20	15	5	1
8/8/2019 15:52:09	37	37	20	15	6	1
8/8/2019 15:52:11	37	37	20	15	7	1
8/8/2019 15:52:13	37	37	20	15	8	1
8/8/2019 15:52:15	37	37	20	15	9	1
8/8/2019 15:52:17	37	37	20	15	10	1
8/8/2019 15:52:19	37	37	20	15	11	1
8/8/2019 15:52:21	37	37	20	15	12	1
8/8/2019 15:52:23	37	37	20	15	13	1
8/8/2019 15:52:25	37	37	20	15	14	1
8/8/2019 15:52:27	37	37	20	15	15	1
8/8/2019 15:52:29	4	1	10	15	16	0
8/8/2019 15:52:31	2	0	1	15	17	0
8/8/2019 15:52:33	37	37	20	15	18	1
8/8/2019 15:52:35	37	37	20	15	19	1
8/8/2019 16:21:25	37	37	20	15	20	1
8/8/2019 16:21:27	37	37	20	15	21	1
8/8/2019 16:21:29	37	37	20	15	22	1
8/8/2019 18:39:50	37	37	20	15	23	1
8/8/2019 18:39:52	37	37	20	15	24	1
8/8/2019 18:39:54	37	37	20	15	25	1
8/8/2019 18:39:56	37	37	20	15	26	1

（a）测试集内部分数据

time	seedone	seedtwo	manure	speed	timeid	target
8/8/2019 15:28:46	37	37	20	4	1	0
8/8/2019 15:28:48	37	37	20	15	2	1
8/8/2019 15:52:03	37	37	20	15	3	1
8/8/2019 15:52:05	37	37	20	15	4	1
8/8/2019 15:52:07	37	37	20	15	5	1
8/8/2019 15:52:09	37	37	20	15	6	1
8/8/2019 15:52:11	37	37	20	15	7	1
8/8/2019 15:52:13	37	37	20	15	8	1
8/8/2019 15:52:15	37	37	20	15	9	1
8/8/2019 15:52:17	37	37	20	15	10	1
8/8/2019 15:52:19	37	37	20	15	11	1
8/8/2019 15:52:21	37	37	20	15	12	1
8/8/2019 15:52:23	37	37	20	15	13	1
8/8/2019 15:52:25	37	37	20	15	14	1
8/8/2019 15:52:27	37	37	20	15	15	1
8/8/2019 15:52:29	4	1	10	15	16	0
8/8/2019 15:52:31	2	0	1	15	17	0
8/8/2019 15:52:33	37	37	20	15	18	1
8/8/2019 15:52:35	37	37	20	15	19	1
8/8/2019 16:21:25	37	37	20	15	20	1
8/8/2019 16:21:27	37	37	20	15	21	1
8/8/2019 16:21:29	37	37	20	15	22	1
8/8/2019 18:39:50	37	37	20	15	23	1
8/8/2019 18:39:52	37	37	20	15	24	1
8/8/2019 18:39:54	37	37	20	15	25	1
8/8/2019 18:39:56	37	37	20	15	26	1

（b）与（a）对应的部分模型预测结果

图9-14 部分测试数据与预测结果

由模型准确率 95.1%可知，在此应用场景中，模型效果较好。因此可以得出以下结论：朴素贝叶斯模型适用于在本章所提出的应用场景，可以预测农机是否在工作中出现异常。

9.5.4 结果分析

通过观察实验所得的结果可知，对于智慧农机多模态的工作数据，可以分别利用农机工作位置的经纬度数据与作业速度数据，计算出农机对应时刻与初始位置的距离。而在实际场景中，经纬度数据是有偏差的，因此利用卡尔曼滤波进行去噪是可行的。另外，利用已有的多模态数据：作业速度、播种量、施肥量，通过朴素贝叶斯算法进行分析，发现各个数据特征与目标数据集：农机是否出现异常，在本章提出的场景中，准确率为 95.1%，是可以应用到实际环境中的。

相对于传统农机来讲，本章提出的针对智慧农机多模态数据的融合与分析，可以让农机的观测数据更加精准，而传统农机只能通过传感器来收集一些农机的作业信息，会存在一定的偏差。同时，本章所提的方法，利用朴素贝叶斯算法对多模态数据的分析，方便了用户监测农机在田间的作业是否出现异常，避免了由农机异常而造成的时间、经济上的损失。

9.6 本章小结

本章实现了对农机工作数据中的速度、位置属性的数据融合，从而得到农机的作业距离。随后，在数据分析方面，考虑农机的其他多个模态特征，结合朴素贝叶斯算法，根据农机工作中产生的作业速度、施肥量、播种量，可以对农机是否出现异常进行预测。系统结合农机多维的工作数据进行数据融合与分析，实现了对农机工作的监控，提升了智慧农机监测数据的精确度。但在算法方面，本章提出的算法较为基础，卡尔曼滤波与朴素贝叶斯算法还有改进之处。例如卡尔曼滤波中对卡尔曼系数的选择、朴素贝叶斯中各个影响因子权重的系数更新等方面，通过对卡尔曼滤波与朴素贝叶斯算法的优化，可以使得算法的精确度进一步提升。

在智慧农机工作数据的融合应用方面，对于农机的作业面积，本章主要利用农机作业位置的经纬度数据与作业速度数据，计算出农机对应时刻与初始位置的距离，再利用行距得到农机耕作一趟的作业面积，求解方式较为简单，可以考虑积分等其他方式与数据融合相结合，使得作业面积数据更加精确。

第10章 农业物联网中的宕机预测研究

针对农业物联网建设中的难点问题，在前期研究工作的基础上，本章提出基于物联网的农业物联网系统架构。该架构包括了能量有效的非均匀分簇优化模型、基于改进分数阶累加灰色模型的轨迹预测模型、基于环比的时间序列纠偏模型等，从多层次、多维度解决了农业物联网建设中的难点和重点问题，并将该框架应用于免耕机智能检测平台。本章利用 HDFS（分布式文件存储系统）、Spark 和机器学习技术，设计一套基于 Hadoop 生态系统和线性回归的免耕机智能监测系统。围绕前文研究内容，本系统设置区域计算机接收免耕机耕作数据，利用 Flume、Kafka 将海量的耕作数据从地方节点数据库全部转存到 HDFS（分布式文件存储系统）上，随后用 Spark 对数据进行处理，并利用线性回归算法实现对免耕机的宕机故障预测，最终用大屏、web 网页端和 APP 进行可视化展示。本系统利用时间序列线性回归算法对免耕机进行实时宕机故障预测，准确率为 92.04%，有效减少了农民由于免耕机故障而花费的时间，并在实际中大大减少了由免耕机故障而产生的经济损失。另外，本系统应用 Hadoop 生态系统存储并处理免耕机作业信息，使系统提升了数据存储的容错性，与普通服务器相比减少了时间延迟，提升了系统稳定性。

10.1 概述

经过近年来的农业物联网的高速发展，我国免耕播种机的结构设计趋于成熟，极大地帮助农民减小了播种施肥的复杂劳动强度，同时免耕技术更是提高了农业的播种质量，科学耕地很好地保护了土壤结构。尽管如此，在免耕机作业时，仍需要一个能够让农民更便捷地了解免耕机耕作状况的高效的监测方法，从而及时地对免耕机做维护管理，避免因免耕机发生宕机问题而引起的巨额损失。

为便于农民实时地了解免耕机的耕作数据和宕机故障信息，已有相关研究人员通过增加硬件，或利用光学原理，或利用几何关系，设计了基于硬件改装的监测系统。机器学习算法和大数据处理方法在这方面并没有被广泛应用，因此并没有做到真正的便利，本章设计了一个基于线性回归的智能监测策略，实现对免耕机的宕机预测，同时利用 Hadoop 解决免耕机海量耕作信息的存储与处理问题，最终将处理结果以大屏、APP 或 web 网页的形式展示出来。

基于时间序列的线性回归是一种机器学习模型，可应用于按时间序列排序的数值估计。线性回归可以根据影响因素按照时间序列进行拟合，将施肥量、播种量作为影响免耕机耕作状态的值，输入线性回归模型中，就可以得到下一个时刻免耕机的施肥量与播种量。由于免耕机出现故障时相应的作业信息会随着时间逐渐发生变化，因此可以为免耕机的故障检测设定一个阈值，该阈值应包含预测误差，这样就可以根据预测值有效地对免耕机进行故障预测。

免耕机作业信息数据量庞大，尤其是在我国东北地区地域广袤，在这种情况下，如果用常规的结构化数据库直接存储这些免耕机作业信息会造成系统操作的延迟，增加时间和硬件资源的消耗。为避免上述问题，采用 Hadoop 对采集到的免耕机作业信息进行批量存储与处理。

10.1.1 Hadoop

Hadoop 是 Apache 旗下由 java 实现的开源框架，其通过分布式存储解决海量数据的分析与处理问题，具有可靠、高效、可伸缩的特点。用户可以直接开发分布式程序，并进行硬件的扩充。另外也有很多组件可以集成到 Hadoop 之中，使 Hadoop 生态圈不断壮大，目前的 Hadoop 生态圈结构如图 10-1 所示。

Hadoop 生态圈根据服务对象和层次分为：数据来源层、数据传输层、数据存储层、资源管理层、数据计算层、任务调度层、业务模型层。主要相关组件有 HDFS（分布式文件存储系统）、MapReduce（分布式计算框架）、Spark（分布式计算框架）、Flink（分布式计算框架）、YARN/Mesos（分布式资源管理器）、Zookeeper（分布式协作服务）、Sqoop（数据同步工具）、Hive/Impala（基于 Hadoop 的数据仓库）、HBase（分布式列存储数据库）、Flume（日志收集工具）、Kafka（分布式消息队列）、Oozie（工作流调度器）等。

10.1.2 分布式文件存储系统

分布式文件存储系统（HDFS），是 Hadoop 体系中数据存储管理的基础。它与现

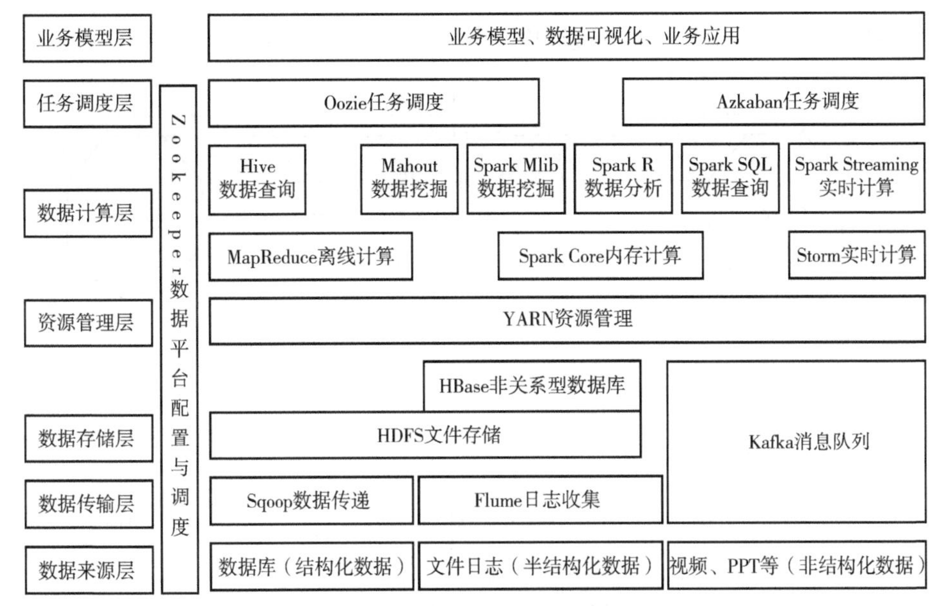

图10-1　Hadoop生态圈

有的分布式文件系统有很多相似之处，但是，与其他分布式文件系统的区别也是显著的。HDFS 具有高度容错性，旨在部署在低成本硬件上。HDFS 提供对应用程序数据的高吞吐量访问，适用于具有大型数据集的应用程序。HDFS 可以将单个 Apache Hadoop 集群扩展到数百甚至数千个节点，同时 HDFS 是 Apache Hadoop 的主要组件之一，其他组件是 MapReduce 和 YARN。作为 Hadoop 核心组件中最重要的组件之一，HDFS 向用户提供了高吞吐量的数据信息访问功能，且对硬件的要求不高。HDFS 作为与 Hadoop 兼容的文件存储系统，可以像传统文件系统一样进行创建、删除、移动、重命名等操作。

HDFS 主要由以下几个部分组成：

① Client：切分文件；访问 HDFS；与 NameNode 交互，获取文件位置信息；与 DataNode 交互，读取和写入数据。

② NameNode：Master 节点，在 Hadoop1.X 中只有一个，管理 HDFS 的名称空间和数据块映射信息，配置副本策略，处理客户端请求。

③ DataNode：Slave 节点，存储实际的数据，汇报存储信息给 NameNode。

④ Secondary NameNode：辅助 NameNode，分担其工作量；定期合并 fsimage 和 edits，推送给 NameNode。

HDFS 以流处理访问模式来存储文件，提供了高吞吐量应用程序数据访问功能，可以对每个存储文件都进行一次存储、多次读取模式，完整文件经过 HDFS 分片之后再存储到 Hadoop 集群的 DataNode 节点中。

图 10-2 为 HDFS 的文件处理过程。

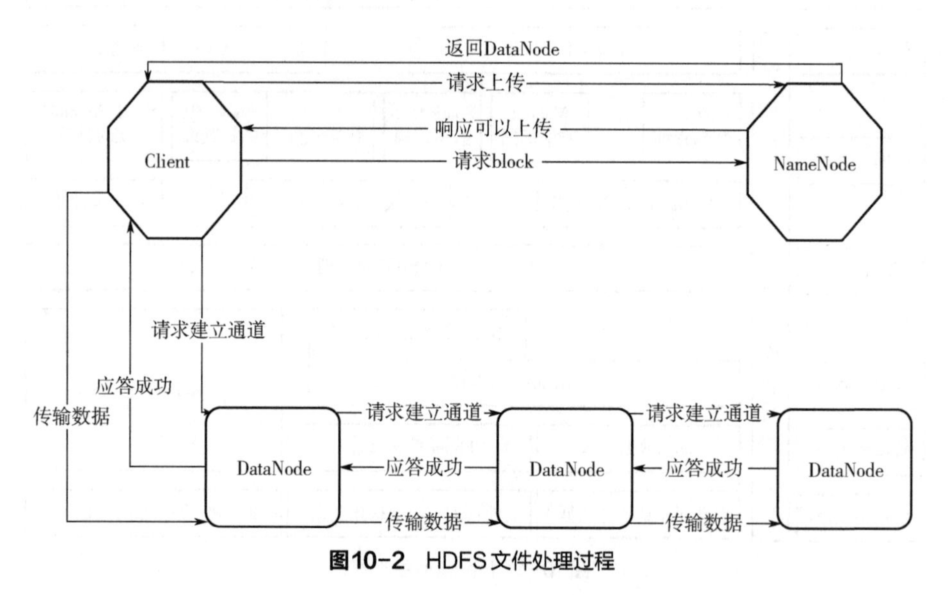

图10-2 HDFS文件处理过程

在分布式文件存储系统中，对文件的校验操作由分片后的存储服务器进行。在校验过程中，只要分片文件中有一份是完整的，那么其他分片也将是完整的。在经过协调校验后，无论是出现文件传输错误、I/O 错误还是服务器宕机，整个系统内部的文件都是完整的。

10.1.3 流数据计算组件 Spark Streaming

Spark 是专为大规模处理数据而设计的快速通用的计算引擎，可以运行在 Hadoop 集群之上，并向用户提供很多库，其中包括 Spark Streaming。与其他大数据框架 Storm、Flink 一样，Spark Streaming 是在 Spark Core 基础之上用于处理实时计算业务的框架。Spark Streaming 运行在 Spark 之上，它可以对数据进行实时的计算，与 Hadoop 核心组件之一的 MapReduce 相比，Spark Streaming 对网络、磁盘资源的消耗更小，且可以高效地实现需要大量迭代计算的机器学习并行化算法。Spark 处理的是批量的数据（离线数据），Spark Streaming 实际处理时并不是像 Strom 那样接收一条数据就处理一条，而是以时间为单位将数据流切分成离散的数据单位，交给 Spark Engine 引擎，这里将每批数据看作弹性分布式数据集（RDD），使用 RDD 操作符进行处理，和 Spark 处理逻辑是相同的。随后将其缓存到内存中，提交给 Job，交给 Spark Streaming 来执行任务。

Spark Streaming 执行过程如图 10-3 所示。

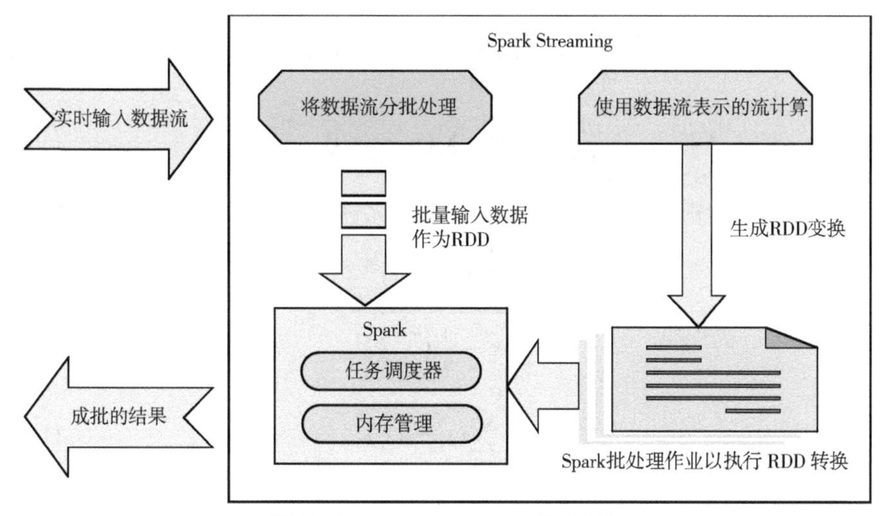

图10-3 Spark Streaming执行过程

10.1.4 时间序列多元线性回归算法

时间序列线性回归模型的核心思路是：预测因变量 y 时，假定它与时间序列 x 之间存在线性关系，将时间序列 x 作为模型中的因变量。对于算法的输入数据，试图学得线性模型式（10-1）：

$$f_j(x)=wx_i+b \tag{10-1}$$

对于模型中的参数 w、b，为了使模型可以达到最优，即均方差要最小，均方差具体为式（10-2）：

$$E(f;D)=\frac{1}{m}\sum_{i=1}^{m}\left[f_j(x_i)-y_j\right]^2 \tag{10-2}$$

式中，m 表示样本的数量。

为得到最优参数 w 和 b，需使均方差最小，因此对参数 w 和 b 可得：

$$(w^*,b^*)=\underset{(w,b)}{\arg\min}\sum_{i=1}^{m}(y_i-wx_i-b)^2 \tag{10-3}$$

式中，w^*、b^*分别表示参数 w 和 b 的最优值。

由于均方差对应了“欧氏距离”，因此在上述均方差最小的基础上，对模型中的参数运用最小二乘法进行求解，找到一条最优的直线，使所有的样本到直线上的欧氏距离之和最小。

本模型中利用参数估计的方法求得 w 和 b 的最优解，即先将 E（f; D）对 w 和 b 求偏导，分别得到式（10-4）和式（10-5）：

$$\frac{\partial E(w,b)}{\partial b}=2[w\sum_{i=1}^{m}x_i^2-\sum_{i=1}^{m}(y_i-b)x_i] \tag{10-4}$$

$$\frac{\partial E}{\partial b}=2[mb-\sum_{i=1}^{m}(y_i-wx_i)] \tag{10-5}$$

使上述式子分别等于零，得到 w 和 b 的最优解：

$$w=\frac{\sum_{i=1}^{m}y_i(x_i-\bar{x})}{\sum_{i=1}^{m}x_i^2-\frac{1}{m}(\sum_{i=1}^{m}x_i)^2} \tag{10-6}$$

$$b=\frac{1}{m}\sum_{i=1}^{m}(y_i-wx_i) \tag{10-7}$$

式中，$\bar{x}=\frac{1}{m}\sum_{i=1}^{m}x_i$，为 x 的均值。

10.2 研究现状

随着保护性耕作逐渐发展，农业对农机的精准度要求越来越高，很多文献已经从不同角度提出了对免耕播种机结构的改进方法，和对免耕播种机的实时监测系统的设计。

Suomi P 等利用多种感测器测量免耕播种机的工作数据，在免耕播种机上设置了电子系统，与 ISO 11783 通信标准兼容。该方法在设计中使用楔形棍式单盘犁刀，用来协助调解。这种方法的设计，使免耕播种机能够自动控制工作深度，提升了播种质量与免耕播种机的效率，保证了种子的发芽率。

Zhang 等为使免耕播种机深度得到控制，均匀耕作，在免耕播种机的基础之上增添了单一的侧规轮、平行四连杆机构、一对双盘开瓶器、一个 V 形压轮和一个深度调节器，使得免耕播种机在中国北方平原的播种深度更加均匀一致，在深度方面提升了免耕播种机的工作质量，满足了种植要求。

Jia 等提出了对耕作机的耕作深度设计一套监测系统，利用光学编码器来测量耕作机摆臂的旋转，测量程序可以根据不同的工作情形与地形形态进行适应性的测量，使这套测量系统精度高且使用范围广。

Zheng 等提出了通过从时间序列的 Landsat NDTI 光谱图谱中提取最小值，并对耕作制图进行归一化，利用图像分割的方法对 Landsat 7 扫描线校准器进行填补，来减少误差，实现了对田间的观测。这一技术便于对田地的改善与保护。

文献中提出的方法或是利用硬件装置对不同型号的免耕播种机设计控制系统提

升播种质量，对免耕播种机的实时工作状况无法获取，工作状态对用户不透明；或是对免耕播种机进行实时监测的系统只测量了耕作深度，对免耕播种机的工作数据层测量不够全面；或是利用影像进行大范围监测，没有充分利用免耕播种机的工作数据。因此本章提出以软硬件结合的方式设计一套免耕播种机作业质量监测系统，针对海量的免耕播种机作业数据采用 Hadoop 实现存储，并对已收集到的数据进行分析，预测免耕播种机下一刻的工作状态，以实现对免耕播种机作业信息的实时把控。

10.3 研究策略

10.3.1 问题背景

因免耕机出现故障而造成的损失十分庞大，矛盾日益突出，根据文献所述：大数据的应用，不仅可以更全面地了解事物，更可以利用这些数据预见未来，进行精准的决策，减少损失。因此本章提出在免耕机之上建立基于线性回归及 Hadoop 的免耕机智能播种监测系统，旨在让农民在实时查看免耕机作业情况的同时，能够借助本系统的智能免耕机故障率预测功能减少经济损失。

本系统的基本思想如下：

在每台免耕机上安装作业信息采集终端，包括落籽检测传感器、称重传感器、定位模块以及霍尔传感器等，来搜集本系统中需要的多模态数据信息。其中，落籽检测传感器用于检测落籽量，称重传感器用于测量所施肥料的重量，定位模块用于对免耕机进行定位，霍尔传感器用于检测免耕机的作业速度。另外本系统以 2min 为一个间隔的频率向免耕机请求一次机器运行状况，进行心跳检测，使采集终端返回心跳检测数据。获取到的数据经 Lora 传输并存储在本地节点后，再上传到 Hadoop 集群，接着在 MySQL 数据库中对数据进行处理，最后将结果通过大屏、网页端以及 APP 展示给用户。用户通过监测系统能够实时监测免耕机工作数据，包括免耕机落籽数、施肥量、耕地速度、免耕播种机位置信息、株距、行距及故障信息等。这里，针对免耕机海量的播种数据，使用 Hadoop 分布式存储系统来解决这一问题。

免耕机作业信息监测系统具体流程如图 10-4 所示。

10.3.2 策略实施

（1）免耕机海量存储实现

为使免耕机的海量作业信息能够存储到 Hadoop 的组件 HDFS（分布式文件存储

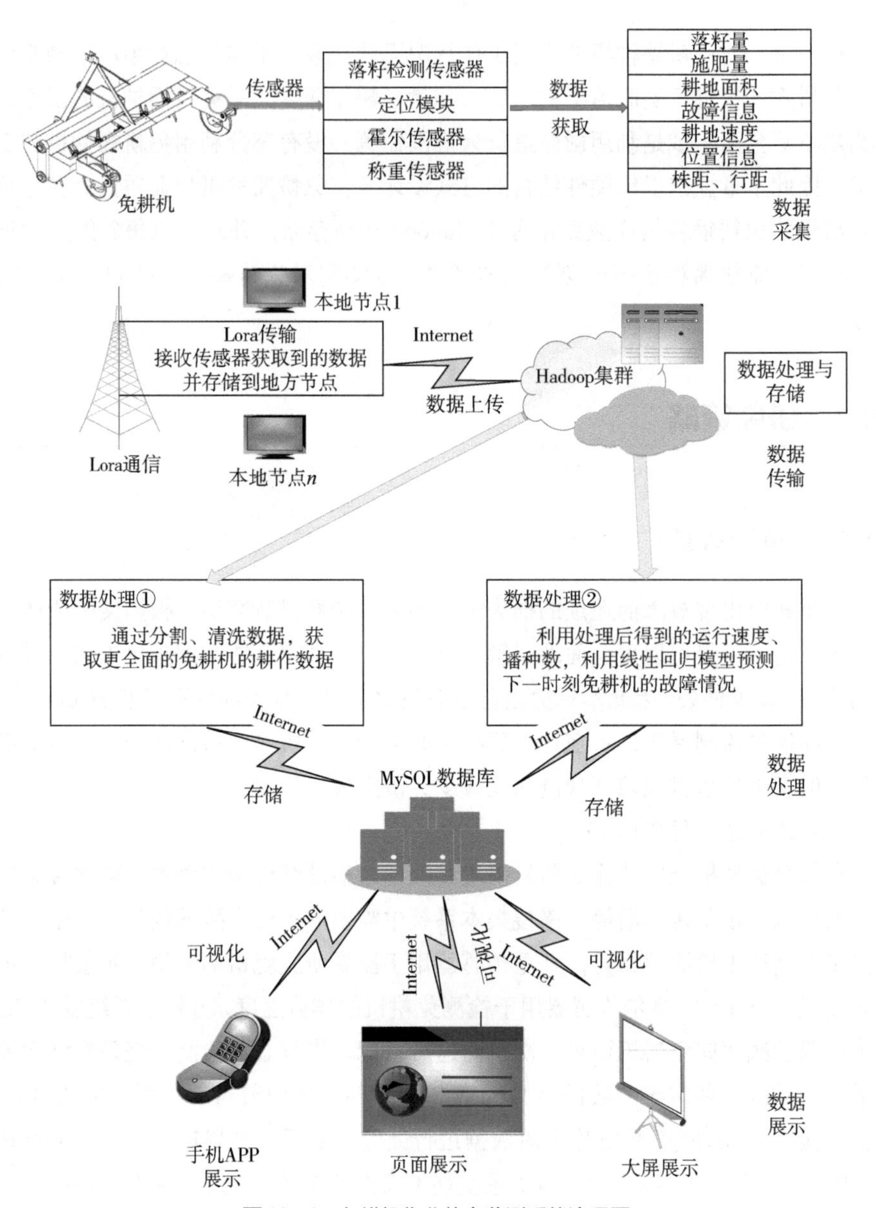

图10-4 免耕机作业信息监测系统流程图

系统）上，设置区域计算机为 Hadoop 集群的从节点，并配置 Flume、Kafka 将存储在区域计算机 MySQL 数据库的免耕机耕作数据传输到 HDFS 上。其中，设置收集一定区域内的所有免耕机的作业信息的区域计算机作为 Hadoop 集群的从节点，设置服务器作为集群的主节点。最终免耕机的作业监测信息数据存在 HDFS 上，具体如图 10-5 所示。

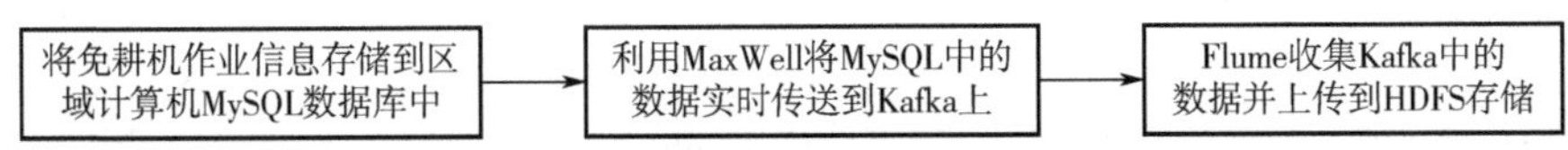

图10-5　对作业信息监测数据的存储示意图

在将免耕机的作业信息监测数据存储到 HDFS 上之后，本系统利用 Spark 对数据进行实时处理：通过编写 scala 程序，利用字符串切割的方法调用 split 函数，处理获取到的作业信息，包括落籽数据、工作位置数据、施肥量、免耕机速度和心跳检测数据，然后将处理后的数据存入 MySQL 数据库中，最后进行可视化处理，从而实现作业信息实时监测的目的。

（2）免耕机故障预测实现

作为一种大型机械设备，免耕机在即将停止工作、出现故障之前，通常会依靠惯性继续工作一段时间，在这段时间中，免耕机的作业效率将与标准作业相比有明显的变化。因此认为可以通过预测下一时刻免耕机的播种量、施肥量与下一刻采集终端传输的实际值相对比计算差值，再根据实际情况设定阈值，若差值大于阈值则证明免耕机即将出现故障，需要用户及时处理。其中对于阈值的设定，应包含预测值与实际值之间的差值，避免预测模型的误差干扰。另外，根据实地考察，发现免耕机依靠拖拉机拖拽进行工作，当用户人为改变拖拉机的速度时，播种量和施肥量也会发生显著的变化，因此阈值也将根据速度变化自动调节。针对此问题，本系统认为可以设定参数来控制阈值大小，使不同速度对免耕机播种量、施肥量的影响不会影响到系统对免耕机是否会出现故障的预测。

对于免耕机下一时刻的播种量、施肥量的预测，根据文献满足“播深均匀度”，即播种量、施肥量在同种情况下波动是不明显的。又因为免耕机依靠拖拉机拖拽进行工作，其施肥量、播种量取决于拖拉机的速度，且在实际播种过程中，拖拉机速度多为均匀情况，因此认为免耕机的播种量、施肥量十分满足时间序列预测条件。且由于播种数量的另一个影响因素是机器前行过程中的速度变化，如图 10-6 所示，与正常机器运行时的情况不同，播种量的多少与机器行驶速度有很大关联。为避免速度影响造成错误预测，本系统将速度作为第二影响因素，在免耕机正常工作的情况下数值波动不大，关系模型十分简单，因此考虑用时间序列多元线性回归算法解决播种量、施肥量预测问题。多元线性回归算法虽然被认为是准确率较低的预测算法，但是对于数据稳定的免耕机作业数据，线性回归模型可以根据已知的具有简单因果关系的完好数据建立模型，而且只要输入参数准确，准确率将得到有效提升，效果将优于其他人工智能算法。

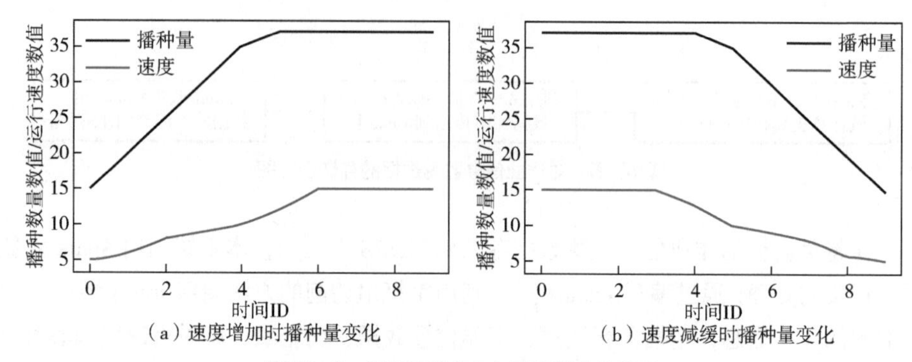

图10-6　机器速度变化与播种量的关系图

在本系统中，需要预测的量有播种量与施肥量，它们都符合同一个模型，以下称预测量为 $\hat{y}_i$，对 $\hat{y}_i$ 有公式（10-8）：

$$f(x)=\hat{y}_i=\vec{w}\vec{x}+b \tag{10-8}$$

式中，$\vec{w}$ 表示参数。假设样本之间相互独立且服从同样的分布，则实际值 y_i 与 $\hat{y}_i$ 之间的误差 ε，如式（10-9）所示：

$$\varepsilon=\hat{y}_i-y_i \tag{10-9}$$

根据中心极限定理可知，误差 ε 服从于均值为 0、方差为 σ 的正态分布，即得到公式（10-10）：

$$p(\varepsilon^{(i)})=\frac{1}{\sqrt{2\pi}\sigma}\exp[-\frac{(\varepsilon^{(i)})^2}{2\sigma^2}] \tag{10-10}$$

将误差计算公式代入得到式（10-11）：

$$p(y^{(i)}\mid x^i;\boldsymbol{\theta})=\frac{1}{\sqrt{2\pi}\sigma}\exp[-\frac{(y^{(i)}-\boldsymbol{\theta}^{\mathrm{T}}x^{(i)})^2}{2\sigma^2}] \tag{10-11}$$

利用极大似然估计法来估计 $\vec{w}$ 的值，得到损失函数式（10-12）：

$$\begin{aligned}L(\boldsymbol{\theta})&=\prod_{i=1}^{m}p(y^{(i)}\mid x^{(i)};\boldsymbol{\theta})\\&=\prod_{i=1}^{m}\frac{1}{\sqrt{2\pi}\sigma}\exp[-\frac{(y^{(i)}-\boldsymbol{\theta}^{\mathrm{T}}x^{(i)})^2}{2\sigma^2}]\end{aligned} \tag{10-12}$$

去掉对数后得到式（10-13）：

$$\begin{aligned}L(\boldsymbol{\theta})&=\lg L(\boldsymbol{\theta})\\&=\lg\prod_{i=1}^{m}\frac{1}{\sqrt{2\pi}\sigma}-\frac{1}{\sigma^2}\times\frac{1}{2}\sum_{i=1}^{m}[y^{(i)}-\boldsymbol{\theta}^{\mathrm{T}}x^{(i)}]^2\\&=m\lg\frac{1}{\sqrt{2\pi}\sigma}-\frac{1}{\sigma^2}\times\frac{1}{2}\sum_{i=1}^{m}[y^{(i)}-\boldsymbol{\theta}^{\mathrm{T}}x^{(i)}]^2\end{aligned} \tag{10-13}$$

由于式（10-13）中的 $m\lg\frac{1}{\sqrt{2\pi}\sigma}$ 与 $\frac{1}{\sigma^2}$ 是已知的，因此关于 $\boldsymbol{\theta}$ 的目标函数 $J(\boldsymbol{\theta})$ 如公式（10-14）：

$$J(\boldsymbol{\theta})=\frac{1}{2}\sum_{i=1}^{m}[h_{\theta}(x^{(i)})-y^{(i)}]^2 \tag{10-14}$$

对 $J(\boldsymbol{\theta})$ 进行求解，得到公式（10-15）：

$$\boldsymbol{\theta}=(\boldsymbol{X}^{\mathrm{T}}\boldsymbol{X})^{-1}\boldsymbol{X}^{\mathrm{T}}y \tag{10-15}$$

为防止过拟合加入扰动值，同时为了防止由扰动值过大而造成的龙格现象，对 $\boldsymbol{\theta}$ 正则化，加入正则项对损失函数增加约束。

L1 正则项如式（10-16）所示：

$$\text{Lasso } P(W)=\|W\| \tag{10-16}$$

L2 正则项如式（10-17）所示：

$$\text{Ridge } P(W)=\|W\|^2 \tag{10-17}$$

利用岭回归预测免耕机下一时刻的工作情况，得到 $\boldsymbol{\theta}$ 的估计值：

$$\boldsymbol{\theta}=(\boldsymbol{X}^{\mathrm{T}}\boldsymbol{X}+\lambda I)^{-1}\boldsymbol{X}^{\mathrm{T}}y+\lambda\sum_{i=1}^{m}\boldsymbol{\theta}_i^2 \tag{10-18}$$

本系统在免耕机故障预测方面利用 Python 与 Spark 结合，具体使用 sklearn 机器学习库来建立线性回归模型，其中本章用于故障预测的主要代码如表 10-1 所示。

表10-1　故障预测主要代码

```
import numpy
import matplotlib.pyplot as plt   # 可视化绘制
from sklearn.linear_model import LinearRegression
from sklearn.model_selection import train_test_split
from sklearn.linear_model import Ridge
from sklearn.model_selection import GridSearchCV
model=Ridge()#或者 model=Ridge()#选定模型
alpha_can=numpy.logspace（-1，1，10）#alpha 的参数集
ridge_model=GridSearchCV（model，param_grid={'alpha'：alpha_can}，CV=5）
ridge_model.fit（x_train，y_train）
```

至此获得模型。提取部分正常运行的工作点，并对其拟合得到图 10-7，图中灰色为实际工作点，黑色为预测数据，由图 10-7 可知，模型拟合效果良好。

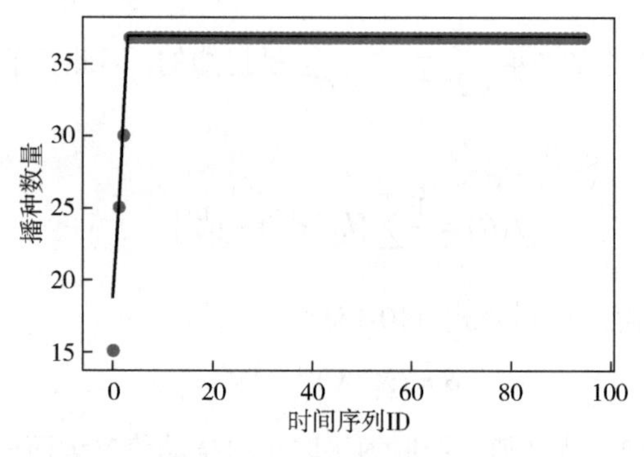

图10-7　模型拟合效果图

为保证系统的实时性，根据传感器的收发时间间隔设定，每隔 2s 从数据库中获取最新数据，预测下一时刻的免耕机的播种量与施肥量，并与下一时刻接收到的数据作对比，得到免耕机故障预测结果。本章用于实时采集免耕机作业信息的主要代码如表 10-2 所示。

表10-2　实时采集免耕机作业信息主要代码

```
def if_update（self，seed，timeid，speed，seed_hat）:
        while seed != （）:
            write = Test_myqsl （）
            write.read_last_seed （(timeid)， seed）
            #count of the seeds
            value_seed = list （seed[0].values （））
            seed_new = value_seed[0]
            dif = speed - speed_last
            seed_hat = seed_hat + dif*2
            #seed 差值和阈值比较
            door = seed_hat - seed_new
            if （door>2 or door<−2）:
                print （"down"）
            else:
                print （"ok"）
                a = write.read_last （）
                new_value_list = list （a[0].values （））
                timeid += 1
                atime=timeid
                speed = new_value_list[1]
                seed = write.read_last_seed （(atime)， seed）
            time.sleep （2）
        print （"over"）
```

当程序对免耕机的播种量、施肥量的预测值和实际值的差值小于阈值时，将输出“ok”，表明免耕机会正常工作；当预测值与实际值的差值大于阈值时，将输出“出现故障”，显示给用户；当接收不到实时的新数据时，将会提示用户，免耕机不再发送数据，状况一为免耕机完成工作，状况二为收发数据的链路出现问题。

将本系统应用在免耕机上，读取后台的数据库基本设置后，判断数据是否读取成功，并检测机器是否发生故障，部分核心伪代码如表 10-3 所示。

表10-3　免耕机宕机预测算法部分伪代码

Algorithm 3 宕机预测算法

```
Input: 数据库的基本设置
Output: 读取数据是否成功
l:  function WRITE (self)
2:     data ← pandas. DataFrame(self.read())
3:     data1←data. setindex("timeid",drop←True)
4:     flag ← pandas DataFrame. tocsv(data1,path)
5:     return flag
6:     print'预测结果'
7:  end function
8:
9:   function READ(self)
10:    data ← self.cursor.execute("select *from records")
11:    field2←self.if success
12:    return field2
13:  end function
14:
15:  function READLAST(self)
16:    data1←self.cursor.execute("select timeid, speed from records")
17:    field2← self.if success
18:    return field
19  end function
20:
21:  function READLASTSEED(self, timeid)
22:  data1 ← self.cursor.execute("select speedone from records")
23:    field← self.cursor.fetchchall()
24:      return field
25:  end function
26:
27:  function IFUPDATE(self, seed,timeid)
28:    while seed! ←()do
29:        write←Testmysql()
30:        write.readlastseed((timeid), seed)
31:        valueseed ← list(seed[0] ,values())
32:        seednew←valueseed[0]
```

续表

```
33:        dif←speedlast
34:        if dif >2 or dif←2 then
35:           print'出现故障'
36:        else
37:           print("OK" )
38:           a ← write.readlast()
39:           timeid+←1
40:           atimeid←timeid
41:           speed←newvaluelist[l]
42           seed←write.readlastseed((atime),seed)
43         end if
44         time. sleep(2)
45      end while
46:     print'已停止发送数据'
47: end function
```

程序在测试时具体输出如图 10-8 所示，程序设定每一次判别都输出免耕机故障预测的结果，方便后台查看。

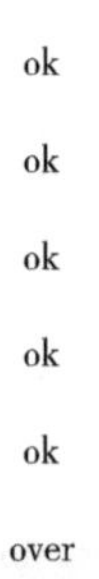

图10-8　免耕机故障预测的程序输出

所得到的免耕机故障预测测试结果与实际故障发生的对比图如图 10-9 所示。

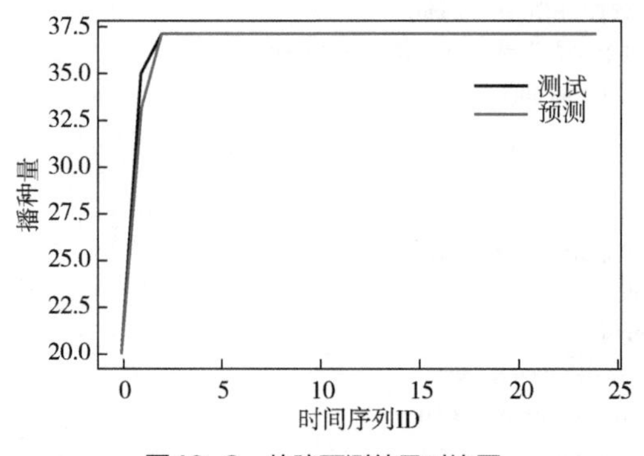

图10-9　故障预测效果对比图

10.4 模型评估

与一元线性回归相比，本系统采用的多元线性回归，更接近于免耕机的耕作质量由多属性影响的实际情况，利用测试数据分别训练一元线性回归模型和多元线性回归模型得到对比如图 10-10 所示。且由于本系统中数据全面稳定，故障数据作为离群点被忽略不计，适用于多元线性回归的计算，准确率高。模型输出结果为指定的数值，易于下一步的故障判断。

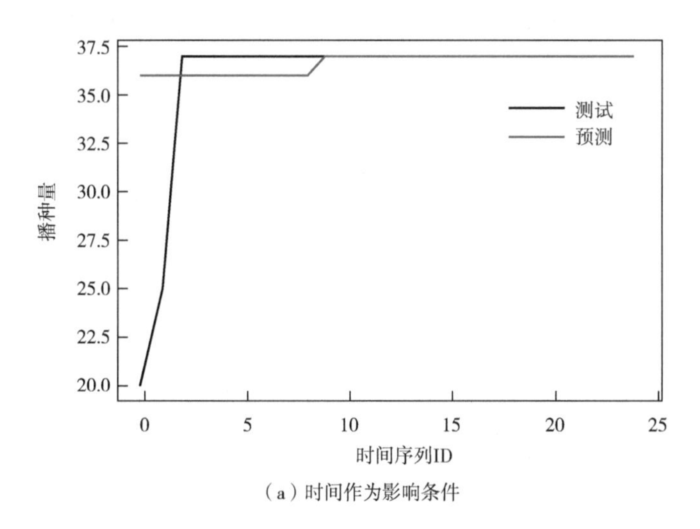

（a）时间作为影响条件

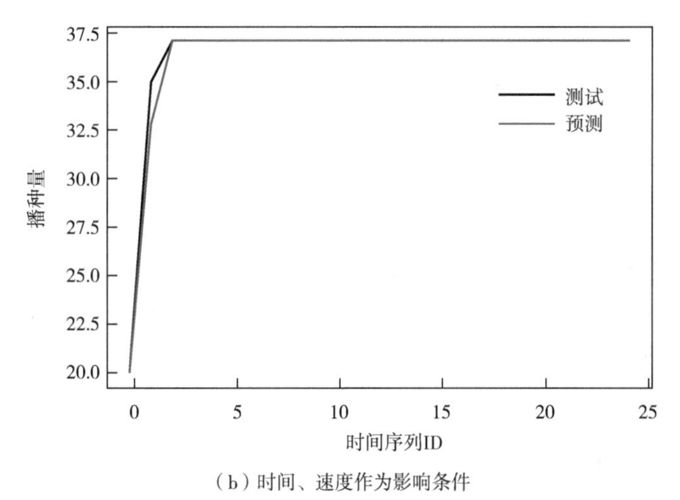

（b）时间、速度作为影响条件

图10-10　一元线性回归与多元线性回归模型预测效果示意图

由结果可知，仅将时间作为参考的一元线性回归会误将由速度变化引起的规则变化当作是离群误差数据，对播种量作出错误的预测，近而对免耕机的故障预测有着极大的误差影响。

与主成分回归相比，主成分回归将肥料也作为影响“播种量”的因素，构建 PCA 模型，训练后将测试集根据模型需要降维，再进行预测，得到与时间序列多元线性回归对比结果如图 10-11 所示。

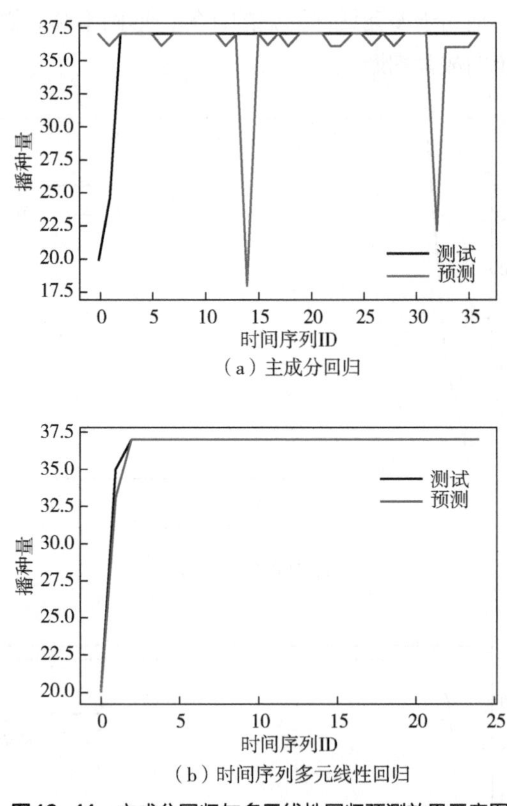

（a）主成分回归

（b）时间序列多元线性回归

图10-11　主成分回归与多元线性回归预测效果示意图

所得主成分回归模型的预测准确率在 50%~80%之间，由此可知，将肥料也作为影响播种量的因素后，在进行变量筛除时，会影响模型的构建，进而影响模型的准确率，使得准确率下降。

10.5　本章小结

作为面向农业保护性耕作的海量数据处理方案，本系统在采用了合适的传感器的情况下，利用 Hadoop 存储海量的免耕机作业监测信息数据，检测到的落籽量、施肥量对免耕机故障预测十分有用。根据程序输出可知，本系统的模型准确率为 90%以上，即本系统的预测准确率为 90%以上，说明本系统在故障预测方面较为准确。通过免耕机的故障预测，可以使用户提前对即将出现故障的免耕机进行维护，从而减少因免耕机宕机故障而造成的损失。

第11章

农业物联网典型应用

农业物联网中，特别针对智慧农机，现有的远程监测技术越来越成熟，其应用范围也越来越广。但由于智慧农机特别是玉米免耕机作业现场的特殊性和复杂性，现有的通信方式虽然能保证可靠的数据传输，但其初期投入成本高，后期运营费用大，越来越不能满足农民日益增长的实际需要。

国外如美国 Great Plains 公司的 1006NT 免耕播种机、John Deere 公司的 1910 型免耕播种机，德国 LEMKEN 公司的 Solitair 8 气力式精量播种机等均配有专门的播种监控装置。国内如黄东岩等研制的基于 GPS 和 GPRS 的远程玉米播种质量监测系统，利用聚偏二氟乙烯压电传感器和 GPS 接收器实时监测播种质量和位置信息，并通过 GPRS 模块发送至远程服务器端；孙永佳等研制的基于 Cortex-M3 的免耕播种机监控系统，利用面源无盲区抗尘监测技术，提高种子监测准确率；陈广大等研制的基于 ARM 的玉米免耕播种施肥机监控系统，以 STM32F103 微控制器为核心，通过光电技术实现播种器的计数与漏播查询。以上研究旨在提高监测精度，但价格昂贵、功能单一、用户反响一般。

近年来，传感器、物联网技术飞速发展，集智能感知、数据处理和智能决策为一体的智慧农机，其应用范围也越来越广，大量农机信息需要实时处理、存储及展示。

随着云计算的迅猛发展，越来越多的企业和个人把数据外包到公有云上管理。用户可以租用基础设施即云服务提供的虚拟机，并在其上搭建自己的数据库系统。用户甚至可以免去动手安装配置的烦琐，直接采用云服务提供商的数据库服务，如谷歌的 Cloud SQL 、微软的 SQL Azure 和亚马逊的关系型数据库服务等。无论是上述哪种方式，都将数据迁移到了云端（即云数据外包），并利用云环境下数据库系统做数据管理（即云数据库系统），最终令用户可以享受到云计算的廉价、便捷、弹性、可靠等优点。

针对以上问题，以吉林省康达农业机械有限公司生产的2BMZF-2型免耕指夹式精量施肥播种机为研究对象，以物联网技术为基础，在云环境下，结合LoRa（long range radio）通信技术，构建一种智慧农机播种质量远程监测系统。同时该系统可利用大屏、微信小程序及PC端软件向用户展示所监测到的数据信息。其系统架构图如图11-1所示。

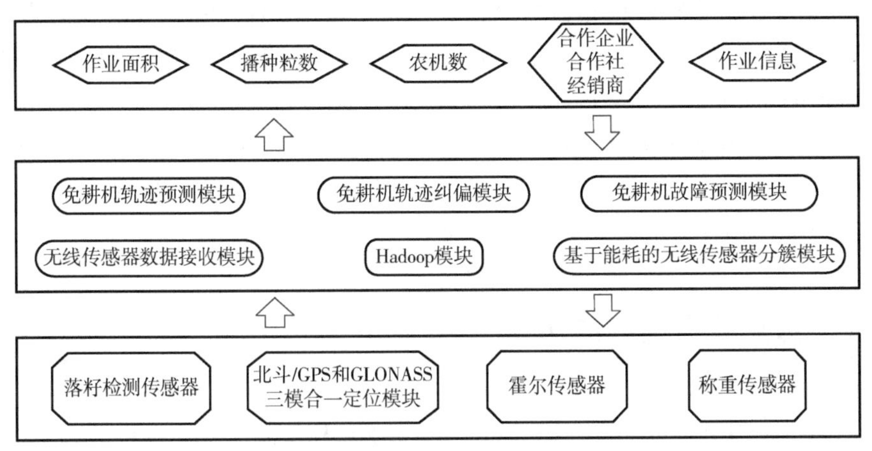

图11-1　系统架构图

由图11-1很明显看出，该系统以物联网技术为核心，在云环境下，研制开发智慧农机作业质量远程监测系统。该系统主要由探测节点、汇聚节点、数据云中心和可视化展示四部分组成。系统示意图如图11-2所示。

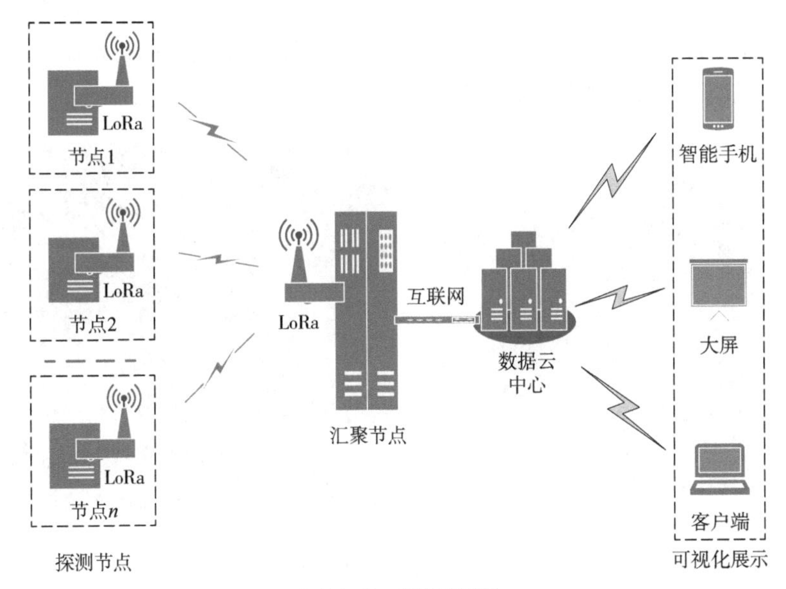

图11-2　系统示意图

其中，探测节点安装在免耕机上，在原技术的基础上，以嵌入式控制器 STM32 单片机为核心，结合北斗、GPS 和 GLONASS 三模合一的定位装置，采集播种及地理位置信息，然后通过 LoRa 通信传送至汇聚节点，同时具有故障语音报警功能。

汇聚节点接收到免耕机作业信息后，处理并存入地方节点数据库 MySQL 中，然后通过 Internet 网络上传给数据中心。

数据中心通过 MaxWell 程序将地方节点数据库 MySQL 中的数据，实时传送到 Kafka 中进行数据集成，并利用 Flume 收集 Kafka 中的数据，将其转存到 HDFS（Hadoop Distributed File System，分布式文件系统）上。

可视化展示分别采用智能手机、大屏或网页客户端，其中大屏展示利用 DataV 实现数字可视化。网页客户端中，用户通过授权的账号和密钥登录平台得到数据，达到远程准确监测免耕机播种质量的目的。

11.1 智慧农机典型应用

鉴于项目涉及硬件成本较高，局部区域以数据模拟进行。具体分为四个区域，这也意味着在此试验场景中，有四台区域计算机被选作集群的从节点。在 2021 年春播期间，通过“吉林康达智慧农机云中驾驶舱”大屏展示界面，实时地展示了智慧农机的运行情况，该系统大屏展示结果如图 11-3 所示。结果显示：免耕机作业面积总数 22854 公顷，GPRS 农机总数为 5276 台，已接入农机数 1069 台，其中工作中的免耕机总数为 1 台，异常免耕机 10 台，待机中的免耕机有 2 台。同时在作业面积时间分布图中，展示了作业农机比例，以及不同时间段内免耕机的耕作面积，让用户可以更直观地了解免耕机的具体耕作信息。

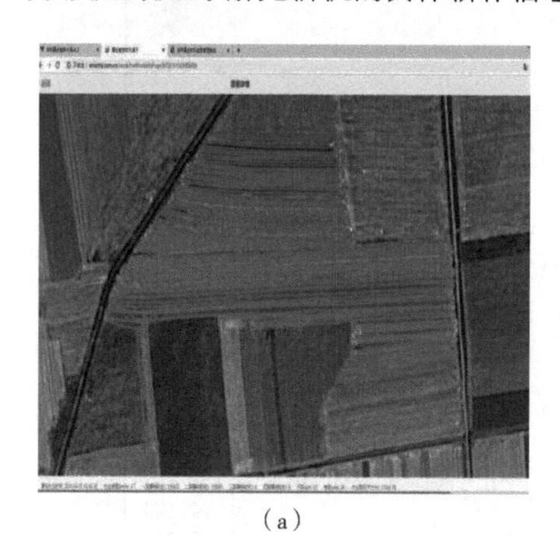

（a）

（b）

图11-3　系统大屏展示结果

图 11-4 为本系统 web 网页端的展示结果，具体展示的数据不仅有作业面积、播种数，还有免耕机的历史作业位置信息。与大屏的展示效果相比，web 网页端展现给用户的数据更加详细。图 11-4（a）为免耕机历史作业位置信息，向用户提供了免耕机工作轨迹；图 11-4（b）为基础耕作数据的网页端页面，其中免耕机的工作状况与大屏展示保持同步，向用户展示了以下信息：免耕机的作业面积 15135 公顷，播种数 1095192105 粒，接入农机 277 台，其中作业中 2 台、待机 4 台、空闲 264 台、异常 7 台，使用户实时地了解免耕机的耕作信息。注：本章中大屏及 web 端显示的作业面积和农机总数，包含了多年累计作业面积及相关实验（模拟实验）测试数据，测试时间不同，显示内容及数值略有差别。

（a）免耕机历史作业位置信息

（b）基础耕作数据的页面

图11-4　web网页端展示

图 11-5 是本系统的 APP 展示界面，使用户在了解免耕机作业信息的同时，从宏观上了解到所有免耕机的作业状况。具体的免耕作业信息，会在网页端展示数据的

基础之上，显示免耕机的最后作业时间、作业速度、播种数以及行距、株距、作业面积等具体数据。

图11-5　APP界面展示

在吉林省辽源市东丰县，装有该设备的吉林康达免耕机应用效果良好。

11.2　应用性能度量

表 11-1 中对本章监测方案与其他免耕播种机的作业监测方案进行了比较分析。根据对先前的免耕播种机作业信息监测系统的分析研究，现已存在的免耕播种机监测系统都是基于硬件的设计，免耕播种机之间没有联系，数据之间是分散的。而本系统具有软硬件结合、应用大数据方法处理数据的优势。

在获取作业信息方面，有些方法是通过获取拉动免耕播种机的轮传动轴的转动圈数，来获取免耕播种机的耕地速度，而本系统应用安装于六棱轴上的霍尔传感器来测量免耕播种机的耕地速度，更加精确；另外有些方法是利用光学与硬件结合来测量免耕播种机的播种量，有些方法是利用霍尔传感器测量匀速，获得播种量，而本系统采用微功率激光探测传感器直接获取免耕播种机的播种量，更加精准。在本系统中，增加了称重传感器来测量免耕播种机的施肥量，这是现有免耕播种机作业信息监测系统中没有谈及的作业信息。

表11-1 本章方案与其他免耕播种机作业监测方案的对比

设计方案	落籽数量	位置信息	耕地速度	故障信息	施肥量	株距行距	播种面积
Huggins D R	有	无	无	有	无	无	无
Suomi P	有	无	有，根据转轮速度	有	无	有	有
Rui Z	有	无	有，用霍尔传感器	有	无	有	有
本方案	有	有	有，用霍尔传感器	有，可预测	无	有	有

11.3 本章小结

本章所述监测方法可以更准确、多维地获取到免耕播种机的作业信息，受监视区域中每台免耕播种机都配置了落籽检测传感器、三模合一定位模块、霍尔传感器及称重传感器用来传递可测的作业监测信息，利用 HDFS 存储这些信息，供给 Spark 对这些数据进行处理，利用字符串分割的方式获得落籽数、施肥量、宕机信息、耕地速度、位置信息、株距、行距，并利用株距、行距信息计算出免耕播种机的作业面积。本系统实时监测到的免耕机耕地速度、株距、行距、耕作信息以及历史作业，都方便于用户了解免耕播种机的具体作业状况，了解耕作状态。本系统将监测到的信息分别以系统大屏、网页客户端、APP 的形式展示给用户，为用户的查询提供了方便。

参考文献

[1] 韩猛. 吉林省智慧农业发展问题研究[D]. 长春：吉林大学，2020.

[2] 张岚. 物联网设备故障数据定位优化仿真研究[J]. 计算机仿真，2016，033（009）：385-387.

[3] 李林. 基于物联网技术的农业灌溉系统精准控制研究[J]. 农机化研究，2022，44（01）：227-232.

[4] 王瑞锋，王东升. 基于 ARM 技术的智慧农业网络架构布局分析[J]. 农机化研究，2021，43（12）：242-246.

[5] 孙爱晶，李世昌，张艺才. 基于 PSO 优化模糊 C 均值的 WSN 分簇路由算法[J]. 通信学报，2021，42（03）：91-99.

[6] 武小年，张楚芸，张润莲，等. WSN 中基于改进粒子群优化算法的分簇路由协议[J]. 通信学报，2019，40（12）：114-123.

[7] 费欢，肖甫，李光辉，等. 基于多模态数据流的无线传感器网络异常检测方法[J]. 计算机学报，2017，40（008）：1829-1842.

[8] 高建，毛莺池，李志涛. 基于高斯混合时间序列模型的轨迹预测[J]. 计算机应用，2019，39（8）：2261-2270.

[9] 李明晓，张恒才，仇培元，等. 一种基于模糊长短期神经网络的移动对象轨迹预测算法[J]. 测绘学报，2018，47（012）：1660-1669.

[10] 李雯. 动态关系下的移动对象位置预测方法研究[D]. 徐州：中国矿业大学，2017.

[11] 谢博晖，吴健平. GPS 轨迹数据纠偏方法研究[J]. 计算机技术与发展，2012，22（7）：223-226.

[12] 邵诚俊. 大型掘进装备地质适应性控制与纠偏控制[D]. 杭州：浙江大学，2017.

[13] 刘伟东，赵新，李磊，等. 基于 HMM 的电动汽车行车轨迹纠偏优化[J]. 计算机工程与设计，2020，41（09）：2697-2700.

[14] 孟庆宽，仇瑞承，张漫，等. 基于改进粒子群优化模糊控制的农业车辆导航系统[J]. 农业机械学报，2015，46（3）：29-36.

[15] 年夫顺. 关于故障预测与健康管理技术的几点认识[J]. 仪器仪表学报，2018，039（008）：1-14.

[16] 钱志鸿，朱爽，王雪. 基于分簇机制的 ZigBee 混合路由能量优化算法[J]. 计算机学报，2013，36（003）：485-493.

[17] 王瑞锦，秦志光，王佳昊. 无线传感器网络分簇路由协议分析[J]. 电子科技大学学报，2013，42（003）：400-405.

[18] 蒋畅江，石为人，唐贤伦，等. 能量均衡的无线传感器网络非均匀分簇路由协议[J]. 软件学报，2012（05）：1222-1232.

[19] 赵清，杨维，胡青松. 煤矿物联网灾后重构自适应非均匀分簇算法[J]. 华中科技大学学报（自然科学版），2021，49（04）：120-126.

[20] 刘宏，李好威. 基于蚁群优化的非均匀分簇路由算法[J]. 华中科技大学学报（自然科学版），2018，46（08）：50-54.

[21] 王出航，沈玮娜，胡黄水. 基于分布式模糊控制器的无线传感器网络容错非均匀分簇算法[J]. 吉林大学学报（理学版），2018，56（03）：631-638.

[22] 于航. 基于软件定义网络的 WSNs 非均匀分簇算法研究[D]. 济南：山东大学，2017.

[23] 常雪琴，张道华. 一种新的无线传感器网络非均匀分簇算法[J]. 吉林大学学报（理学版），2016，54（06）：1388-1394.

[24] 王白婷，周占颖，苏真真，等. 能耗均衡的非均匀分簇多跳路由协议[J]. 吉林大学学报（信息科学版），2016，34（02）：174-181.

[25] Song C，Chen Z，Qi X，et al. Human trajectory prediction for automatic guided vehicle with recurrent neural network[J]. The Journal of Engineering，2018，2018（16）：1574-1578.

[26] 张宏鹏，黄长强，唐上钦，等. 基于卷积神经网络的无人作战飞机飞行轨迹实时预测[J]. 兵工学报，2020，41（09）：1894-1903.

[27] 杜明博. 基于人类驾驶行为的无人驾驶车辆行为决策与运动规划方法研究[D]. 合肥：中国科学技术大学，2016.

[28] 胡家铭，胡宇辉，陈慧岩，等. 基于模型预测控制的无人驾驶履带车辆轨迹跟踪方法研究[J]. 兵工学报，2019，40（03）：456-463.

[29] 乔少杰，金琨，韩楠，等. 一种基于高斯混合模型的轨迹预测算法[J]. 软件学报，2015，26（5）：1048-1063.

[30] 高建，毛莺池，李志涛. 基于高斯混合时间序列模型的轨迹预测[J]. 计算机应用，2019，39（8）：2261-2270.

[31] 乔少杰，韩楠，朱新文，等. 基于卡尔曼滤波的动态轨迹预测算法[J]. 电子学报，2018，46（2）：418-423.

[32] 李幸超. 基于循环神经网络的轨迹位置预测技术研究[D]. 杭州：浙江大学，2016.

[33] 李想. 基于递归神经网络的快速车辆轨迹数据预测[D]. 徐州：中国矿业大学，2019.

[34] 范震，马开平，姜顺婕，等. 基于改进 GM（1,N）模型的我国大豆价格影响因素分析及预测研究[J]. 大豆科学，2016，35（05）：847-852.

[35] 徐云霞，王建宏，张楠. 基于粒子群优化的分数阶 PFGM（1,1）模型在建筑物沉降预测中的应用[J]. 数学的实践与认识，2018，48（08）：278-283.

[36] 刘思峰，党耀国，方志耕，等. 灰色系统理论及其应用[M]. 北京：科学出版社，2018.

[37] 彭振斌，张闯，彭文祥，等. GM （1，1）模型背景值构造的不同方法与应用[J]. 东北大学学报 （自然科学版），2017，38（6）：869-873.

[38] 曹晨曦，田友琳，张昱堃，等. 基于统计方法的异常点检测在时间序列数据上的应用[J]. 合肥工业大学学报（自然科学版），2018，41（09）：1284-1288.

[39] 陶运信，皮德常. 基于邻域和密度的异常点检测算法[J]. 吉林大学学报（信息科学版），2008（04）：398-403.

[40] 余宇峰，朱跃龙，万定生，等. 基于滑动窗口预测的水文时间序列异常检测[J]. 计算机应用，2014，34（08）：2217-2220.

[41] 朱焕雄，刘波. 基于人工蜂群智能技术的属性异常点检测[J]. 计算机科学与探索，2017，11（12）：1984-1992.

[42] 彭慧珺. SDN 中基于 KNN 的异常流量检测技术研究[D]. 南京：南京邮电大学，2019.

[43] 林海伦，王元卓，贾岩涛，等. 面向网络大数据的知识融合方法综述[J]. 计算机学报，2017，40（1）：1-27.

[44] 崔艳玲，金蓓弘，张扶桑. 基于数据融合的高速公路交通状况检测[J]. 计算机学报，2017，40（8）：1798-1812.

[45] 刘冰玉，王翠荣，王聪，等. 基于动态主题模型融合多维数据的微博社区发现算法[J]. 软件学报，2017，28（2）：246-261.

[46] 匡秋明，杨雪冰，张文生，等. 多源数据融合高时空分辨率晴雨分类[J]. 软件学报，2017，28（11）：2925-2939.

[47] 宋奎勇，周连科，王红滨．面向水下多源数据特征级融合方法[J]．吉林大学学报（信息科学版），2021，39（03）：331-338.
[48] 李泽铭，田亮．基于卡尔曼滤波器的循环流化床机组燃料发热量软测量[J]．华北电力大学学报（自然科学版），2021，48（02）：89-95.
[49] 王珊，王会举，覃雄派，等．架构大数据：挑战、现状与展望[J]．计算机学报，2011，34（10）：1741-1752.
[50] Chen R Z ，Wei L H ，Liang Z H ，et al. Research and application of mass data processing model based on Hadoop[J]. Electronic Design Engineering，2016.
[51] 金国栋，卞昊穹，陈跃国，等. HDFS 存储和优化技术研究综述[J]．软件学报，31（1）：25.
[52] 何秀丽．多元线性模型与岭回归分析[D]．武汉：华中科技大学，2005.